说图解色

住宅空间色彩搭配解剖书

郭 鑫 郭 锌 等编著

机械工业出版社

CHINA MACHINE PRESS

本书是一本讲解住宅空间和配色的图书，共分为7章，分别为色彩解构、住宅空间设计的基础知识、基础色与空间色彩设计、居住空间的色彩搭配、公共空间的色彩搭配、装饰风格与色彩搭配、空间色彩的视觉印象。第1～2章为基础理论章节，详细介绍了住宅空间设计需要的色彩理论和住宅设计原理；第3章为基础色章节，详细介绍了多种颜色在住宅设计中的应用；第4～7章为综合章节，有针对性地对不同的居住空间、公共空间，以及不同的装饰风格和空间色彩视觉印象进行讲解。

　　本书既可以当作工具书查阅使用，也可作为参照书赏析使用，可供室内设计、建筑设计、展示设计等专业使用的速查版式工具书籍，也可作为各大培训机构、公司的理论参考书籍，还可作为各大、中专院校的教辅书籍。

图书在版编目（CIP）数据

说图解色：住宅空间色彩搭配解剖书 / 郭鑫等编著 .
—北京：机械工业出版社，2018.10
ISBN 978-7-111-61368-8

Ⅰ.①说… Ⅱ.①郭… Ⅲ.①住宅—室内装饰设计—配色 Ⅳ.① TU241

中国版本图书馆 CIP 数据核字 (2018) 第 259795 号

机械工业出版社（北京市百万庄大街 22 号邮政编码 100037）
策划编辑：刘志刚　责任编辑：刘志刚
封面设计：张　静　责任印制：张　博
责任校对：孙成毅
北京东方宝隆印刷有限公司印刷
2019 年 1 月第 1 版第 1 次印刷
184mm×260mm・13 印张・272 千字
标准书号：ISBN 978-7-111-61368-8
定价：79.00 元

前　言

住宅设计，是根据建筑物的使用性质、所处环境和标准，运用技术手段和建筑原理，创造功能合理、舒适优美、满足人们物质和精神生活需要的室内环境。人们已经越来越重视住宅设计的实用性、功能性和艺术性，追求更舒适的居住体验、更突出的风格特色、更创意的家居设计。

本书按照住宅空间的理论、分类、风格等要素分为7章。分别为色彩解构、住宅空间设计的基础知识、基础色与空间色彩设计、居住空间的色彩搭配、公共空间的色彩搭配、装饰风格与色彩搭配、空间色彩的视觉印象。书中安排了常见陈设选择、装修攻略、色彩搭配实例、佳作欣赏、风格中常见的要素等经典模块，不仅让读者可以学习到住宅设计中遇到的问题、设计方案、设计思路，还可以欣赏到许多经典设计案例。

参与本书编写的有：郭鑫、郭锛、瞿玉珍、曹茂鹏。编者在编写过程中以配色原理为出发点，将"理论知识结合实践操作""经典设计结合思维延伸""优秀设计作品结合点评分析"等内容贯穿其中，愿作读者学习提升道路上的"引路石"。由于编者水平所限，书中难免有疏漏之处，望广大专家、读者批评斧正！

CONTENTS/ 目录

第3章 基础色与空间色彩设计 031

第4章 居住空间的色彩搭配

第5章　公共空间的色彩搭配　093

第6章　装饰风格与色彩搭配　114

第7章　空间色彩的视觉印象　　164

第 1 章　色彩解构

　　我们生活在一个多姿多彩的世界中，生活中的一切都与色彩息息相关。随着物质生活与精神生活的逐步提高，人们对色彩的认识与理解也不断地升华。色彩的搭配并不单单受经验、感觉的支配，可以说它是一门有规律可循的科学知识。

1.1 光与色

　　光是人们感知色彩存在的必要条件，物体受到光线的照射而显示出形状和颜色，例如光照在红苹果上反射红色光，照射在绿苹果上反射绿色光，我们的眼睛也是因为有光才能看见眼前的事物。

　　在科学意义上来说，光是指所有电磁波谱，它可以在空气、水、玻璃等透明的物质中传播，人们看到的光可能来自于太阳或产生光的设备，所以在研究室内设计时，也会研究光与空间的关系。早在17世纪，科学家就利用三棱镜将太阳光分离成光谱，即红、橙、黄、绿、青、蓝、紫七色光谱，由于不同波长的折射系数不同，折射后颜色的排列位置也是不同的。

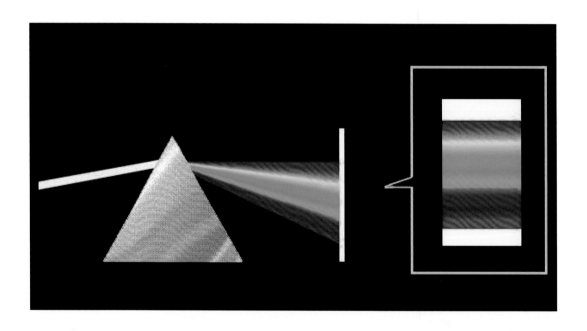

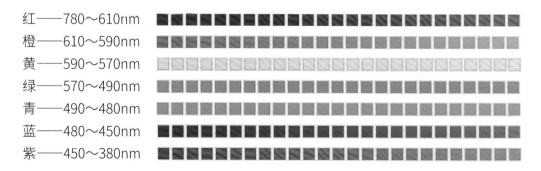

红——780～610nm
橙——610～590nm
黄——590～570nm
绿——570～490nm
青——490～480nm
蓝——480～450nm
紫——450～380nm

1.2 三原色

色彩中不能再分解的基本色称之为原色，原色可以合成其他的颜色。三原色分为两类，一类是色光三原色，另一类是印刷三原色。

1.2.1 色光三原色

光的三原色是由红色（Red）、绿色（Green）、蓝色（Blue）这3种组成。光的三原色的特点是将两种色光或多种色光进行混合，就会产生新的色光，参与混合的色光越多，混合出的新色光的明度就越高。如果将各种色光全部混合在一起就会形成白色光，所以色光三原色也被称之为加法三原色。加色法原理被广泛应用于电视机、显示器等产品中。

等量的蓝色光与等量的红色光进行混合会得到品红色光；等量的红色光与等量的绿色光进行混合会得到黄色光；等量的绿色光与等量的蓝色光进行混合会得到青色光；将红色、绿色和蓝色光进行混合会得到白色光。

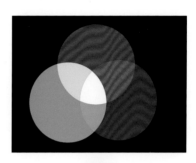

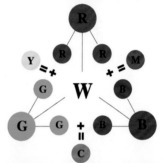

1.2.2 印刷三原色

印刷三原色是由青色（Cyan）、品红(Magenta)、黄色（Yellow）这3种组成，但是三种颜色叠加后无法达到纯黑色，因此在印刷时会添加黑色，所以当说到印刷色会说CMYK模式。印刷三原色是一种减色混合方式，将两种颜色混合在一起后颜色明度会低于原来的两种颜色，颜色混合的越多就越趋近于黑色。

等量的品红色与等量的青色进行混合会得到蓝色；等量的品红色与等量的黄色进行混合会得到红色；等量的黄色与等量的青色进行混合会得到绿色；将品红、青色、黄色进行混合会得到浑浊的深灰色，非纯黑色。

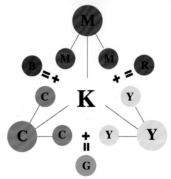

1.3 色彩的分类

在生活中我们能够很轻松地分辨出各种颜色，红的苹果、绿的叶子、蓝的天空、白色的墙壁，其中这些颜色可以分为两类，一类是"有彩色"，另一类是"无彩色"。

1.3.1 有彩色

凡带有某一种标准色倾向的色，都称为"有彩色"。红、橙、黄、绿、青、蓝、紫为基本色，将基本色以不同量进行混合，以及基本色与黑、白、灰（无彩色）之间不同量的混合，会产生成千上万种有彩色。

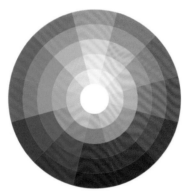 

1.3.2 无彩色

无彩色指除了彩色以外的其他颜色，常见的有金、银、黑、白、灰。明度从"0"变化到"100"，而彩度很小接近于0。

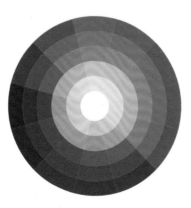 

1.4 色彩的三大属性

色彩的三大属性为色相、明度和纯度。任何一种颜色都包含这三种属性，一个颜色其中一个属性改变，另外两种属性也会同时相应改变。其中"有彩色"具有色相、明度和纯度三个属性，"无彩色"只拥有明度属性。

1.4.1 色相

我们能分清红色和绿色的原因是颜色的色相不同。色彩是指色彩的"相貌"，是色彩最显著的特征。色相是根据该颜色光波长短划分的，只要色彩的波长相同，色相就相同，波长不同才产生色相的差别。例如明度不同的颜色但是波长处于780～610nm范围内，那么这些颜色的色相都是红色。

"红、橙、黄、绿、青、蓝、紫"是日常中最常听到的基本色，在各色中间加插一两个中间色，其头尾色相，即可制出十二基本色相。

如何为色彩进行命名

大千世界中有千万种色彩，但是并未有一个权威的、固定的色彩名称，那么应该如何为色彩进行命名？对色彩进行命名又有那些依据呢？首先要判断颜色色相是什么，例如它属于红色还是属于蓝色，然后在这个基础上进行命名。

方法一：自然色命名法

（1）以自然景色命名色彩：海蓝、紫罗兰色、月光白等。

（2）以金属矿物命名色彩：铁灰、宝石蓝、古铜色等。

（3）以植物命名色彩：草绿、柠檬黄、橘红色等。

（4）以动物命名色彩：象牙白、乳白、孔雀绿等。

方法二：明度+色相命名法

先确定色相的种类，然后加上明度，例如浅红色、深黄色、深灰色等。

1.4.2 明度

明度是指色彩的明暗程度，它决定于反射光的强度，任何色彩都存在明暗变化。色彩的明度越高，色彩越明亮；反之色彩的明度越低，色彩越暗。明度分为高明度、中明度和低明度三类。

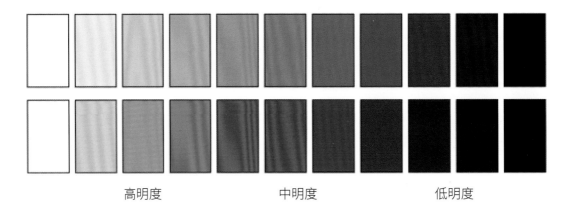

高明度　　　　　中明度　　　　　低明度

一种颜色在最饱和的状态时颜色明度为正常。同一种颜色有明度的区分，其中由白到黑的明暗对比最强烈。不同颜色也有明度的差别，黄色为最亮的色相，而紫色为最暗的色相。

明度不同所表现的色彩感情也是不同的，高明度的色彩醒目、明快，低明度的色彩深沉、厚重。

1.4.3 纯度

纯度是指色彩的鲜浊程度，也称之为饱和度或彩度。色彩的纯度也像明度一样有着丰富的层次，使得纯度的对比呈现出变化多样的效果。混入的黑、白、灰成分越多，则色彩的纯度越低。

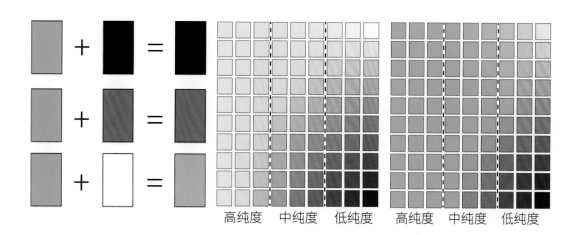

高纯度　中纯度　低纯度　　高纯度　中纯度　低纯度

在设计中可以通过控制色彩纯度的方式对画面进行调整。纯度越高，画面颜色效果越鲜艳、明亮，给人的视觉冲击力越强；反之，色彩的纯度越低，画面的灰暗程度就会增加，其所产生的效果就更加柔和、舒服。高纯度给人一种艳丽明亮的感觉，而低纯度给人一种柔和、深沉的感觉。

在室内设计中，高纯度的配色方式整体给人青春、活跃的感觉；低纯度的配色方案整体颜色对比较弱，所以给人一种舒缓、平和的感觉。

1.5 主色、辅助色与点缀色的关系

在色彩搭配中分为主色、辅助色和点缀色三种，它们相辅相成，关联密切。主色是占据作品色彩面积最多的颜色；辅助色是与主色搭配的颜色，点缀色是用来点缀画面的颜色。

1.5.1 主色

在室内设计中，主色占据了空间绝大部分的色彩，是奠定室内设计风格的基本要素之一，也是一个空间中最强的情感诉求。当确定主色调以后，辅助色与点缀色都会围绕着主色进行选择。

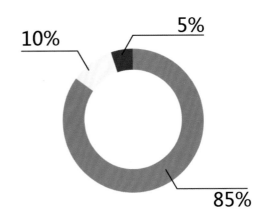

上图空间以卡其灰为主色调，该色彩温和、典雅，中明度的色彩基调给人一种安静、舒适的视觉感受。

1.5.2 辅助色

辅助色，顾名思义其作用就是辅助和衬托主色，通常会占据作品的三分之一左右。辅助色一般比主色略浅，否则会产生喧宾夺主和头重脚轻的感觉。

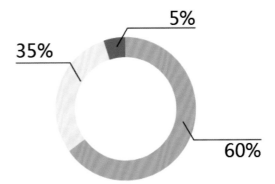

左图空间以灰色为主色调，象牙白为辅助色，象牙白颜色温和，属于暖色调，它给原本清冷的空间带来了温暖。

1.5.3 点缀色

点缀色也叫点睛色，它的作用是用来点缀和装饰。点缀色只占据空间的很小一个部分，但是其作用非常大，通常是整个空间内最突出的视觉元素。

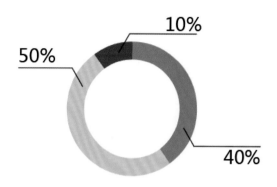

在上图作品中，以浅香槟色为主色调，以金色为辅助色，以朱红色为点缀色，在整个空间中朱红色像是跳跃着的火苗点燃了整个空间的色彩。

1.6 色彩的对比

一种颜色是无法产生对比效果的，只有当两种或两种颜色搭配在一起时才会产生对比效果，对比效果取决于颜色的明度、纯度、色相、面积以及冷暖。

1.6.1 明度对比

明度对比是色彩明暗程度的对比，也称之为色彩的黑白对比。按照明度顺序可将颜色分为低明度、中明度和高明度三个阶段。在有彩色中，柠檬黄为高明度，蓝紫色为低明度。

色彩间明度差别的大小，决定明度对比的强弱。三度差以内的对比又称为短调对比，短调对比给人舒适、平缓的感觉；三至六度差的对比称为明度中对比，又称为中调对比，中调对比给人朴素的感觉；六度差以外的对比，称为明度强对比，又称为长调对比，长调对比给人鲜明、刺激的感觉。

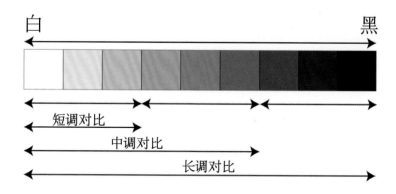

左图作品整体采用低明度的配色方案，黑色与亮灰色的搭配给人一种理性、安静的心理感受。

上图空间以黄色为主色，搭配黑色作为点缀，二者明度对比较为鲜明，所以给人一种激烈、碰撞的感觉。

1.6.2 纯度对比

纯度对比是指因为颜色纯度差异产生的颜色对比效果。纯度对比既可以体现在单一色相的对比中，也可以体现在不同色相的对比中。通常将纯度划分为三个阶段：高纯度、中纯度和低纯度。

上图空间采用高纯度的配色方案，橘黄色的墙壁给人温暖、热烈的心理感受。

上图空间采用中纯度对比，颜色对比较弱，但是具有明显的色彩倾向，给人一种放松、舒缓的感觉。

在上图作品中，采用低纯度的配色，整体倾向于灰色调，明度较高，所以给人一种洁净、温和的感觉。

1.6.3 色相对比

色相对比是两种或两种以上色相之间的差别。当主色确定之后，就必须考虑其他色彩与主色之间的关系。色相对比中通常有同类色对比、邻近色对比、类似色对比、对比色对比、互补色对比等。

1. 同类色对比

同类色对比是同一色相里的不同明度与纯度色彩的对比。在24色色环中，两种颜色相距0°~15°为同类色，同类色对比较弱，给人的感觉是单纯、柔和、谐调的，无论总的色相倾向是否鲜明，整体的色彩基调容易统一协调。

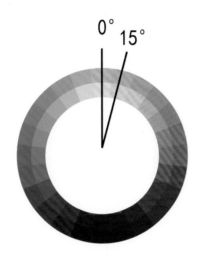

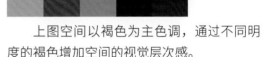

上图空间以褐色为主色调，通过不同明度的褐色增加空间的视觉层次感。

2. 邻近色对比

在4色色环中两种颜色相距15°~30°为邻近色。邻近色的色相、色差的对比都是很小的，这样的配色方案对比弱、画面颜色单一，经常借助明度、纯度来弥补不足。

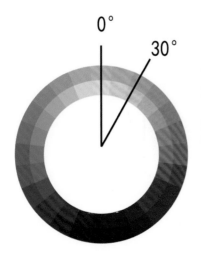

在左图空间中，深蓝色的墙面和青色的被子为邻近色关系，两者搭配在一起色调协调又不乏变化。

3. 类似色对比

在色环中两种颜色相距30°~60°为类似色，在配色时应先将主色确定，然后使用小面积的类似色进行辅助。这样的配色具有耐看、色调统一且变化丰富的特点。

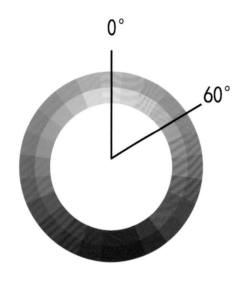

上图作品中几个抱枕的颜色为类似色对比关系，红色、洋红色和紫色颜色相似，搭配在一起颜色变化丰富，效果自然和谐。

4. 对比色对比

在色环中两种颜色相距120°左右为对比色，对比色会给人一种强烈、鲜明、活跃的感觉。

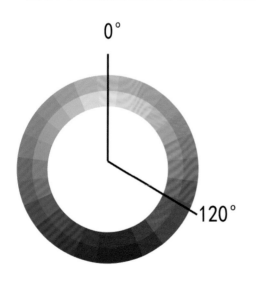

在上图空间中，红色的墙面与黄色的沙发、黄色的沙发与蓝色的地毯均为对比色对比关系，效果鲜活、饱满，容易使人兴奋激动。

5. 互补色对比

在色环中色相相差180°左右的两种颜色为互补色。这样的色彩搭配可以产生一种强烈的刺激作用，对人的视觉具有强烈的吸引力。

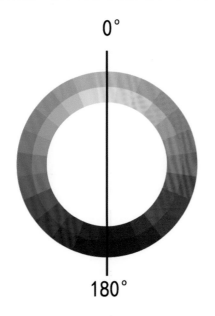

黄色与紫色为互补关系，二者搭配在一起能够产生强烈、刺激的视觉效果。这种色彩搭配因为会使人精神亢奋，故不适宜应用在卧室中。

1.6.4 面积对比

面积对比是在同一画面中因颜色所占的面积大小产生的色相、明度、纯度、冷暖产生的对比。在室内设计中，通常低纯度的颜色面积较大，而高纯度的颜色面积较小，这种配色能够得到一种色彩上的平衡，使人感觉舒适，而不是烦躁不安。

从色彩的面积来看，上图空间以亮灰色为主色调，绿色为点缀色。绿色的植被不仅起到美观、净化空间的作用，它还使得空间带有自然的灵性，让人有一种回归自然的宁静之感。

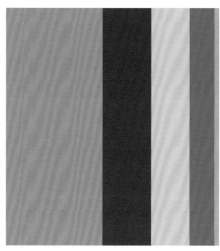

在上图客厅中，浅卡其色调的沙发和亮灰色的墙壁所占面积较大，给人一种舒适、休闲、放松的感觉，蓝色虽然面积小但是非常的突出，这种面积上的对比使得空间的视觉效果非常具有层次感。

1.6.5 冷暖对比

由于色彩感觉的冷暖差别而形成的色彩对比称为冷暖对比。冷色和暖色是一种色彩感觉，空间中的冷色和暖色的分布比例决定了空间的整体色调，即暖色调和冷色调。不同的色调能表达不同的意境和情绪。

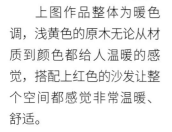

上图作品整体为暖色调，浅黄色的原木无论从材质到颜色都给人温暖的感觉，搭配上红色的沙发让整个空间都感觉非常温暖、舒适。

上图卫生间采用淡青色给人一种洁净、卫生、清爽的感觉，但是青色属于冷色调，所以添加了黄色的花束进行点缀，使得空间清爽而不冰冷。

第 2 章　住宅空间设计的基础知识

住宅空间是人类日常生活起居的地方，所以在设计上应该既具有使用价值，又满足相应的精神需求。现代室内设计是综合的室内环境设计，不仅包括视觉环境和工程技术，也包括声、光、热等物理环境以及氛围、意境等心理环境和文化内涵等内容。

2.1 什么是室内设计

室内设计是指以科学技术为基础，以艺术创意为表现形式，创造功能合理、舒适优美、满足人们物质和精神生活需要的室内环境。这一空间环境既具有使用价值，又要满足精神需求。

室内设计与建筑同时产生，所以研究室内设计史就是研究建筑史。室内设计的发展可以分为如下几个主要阶段。

早期

在人类文明发展初期，物质财富极为有限，人们对建筑的要求只停留在其最基本的功能上，例如遮风、避雨、保暖等，此时人类对生活感受并不重视，但是出于对自然的敬畏，人类会布置纪念性空间。

中期

随着人类文明不断进步，人们对享乐的诉求在日常生活中逐步被重视。例如皇宫的雕梁画栋、富丽堂皇，这不仅具有满足视觉感官需求的作用，而且还是财富地位的象征。

现代

随着科学技术不断发展，人类精神与物质文明日益提高，人们对室内设计的要求也在与日俱增。室内设计不仅需要满足相应的功能要求，同时也反映了历史文脉、建筑风格、环境气氛等精神因素。

2.2 室内设计的原则

设计师要从实际生活出发，设计出既能满足生活需要，又能符合心理要求的设计作品。在设计过程中，可以遵循以下几点原则。

1．功能性原则

住宅空间是人们起居生活的地方，其功能性处于首要地位，例如对室内空间的大小、形状、排列的安排，交通流程的布置，采光的设计都决定了空间舒适性。

体现在色彩中，则是：

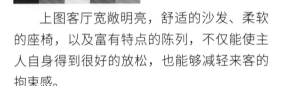

上图客厅宽敞明亮，舒适的沙发、柔软的座椅，以及富有特点的陈列，不仅能使主人自身得到很好的放松，也能够减轻来客的拘束感。

对称式的构图给人严谨的美感，复古风格的储物柜不仅具有收纳功能，也让空间变得更有情趣。

2．安全性原则

都说家是温馨的港湾，而安全是最基本的条件。所以在建造和设计过程中，其构造都要求具有一定的强度和刚度，符合设计要求，做到安全可靠。还有在家装材料的选择上，也要选择天然无污染的材料。

体现在色彩中，则是：

餐厅实木材质的桌子不仅提高了室内的色彩温度，还给人一种厚重、安全的感觉。

卧室中明度的色彩基调让人感觉舒适又放松，非常有助于睡眠。

3．可行性原则

实践是检验真理的唯一标准，只有通过施工才能把设计变成现实，如果不可行，那么设计也只是纸上谈兵。

体现在色彩中，则是：

由室内向室外延伸的阳光房采用全透明的玻璃材质，这能够让人融入自然之中。

这是一个非常男性化的空间，深灰色调给人一种沉稳、厚重的金属感。为了避免过于生硬、冰冷，所以采用暖色的灯光和座椅来调节气氛。

4．经济性原则

在设计之初要从自身的经济条件出发，不盲目追求艺术效果造成资源浪费，同时也不应该单纯的考虑造价而过分缩减支出。要做到在合理造价下，通过巧妙地构造设计达到实用与艺术效果的和谐统一。

真皮沙发造价昂贵，它给人一种高品质和奢华的感觉。

布艺沙发的价格较为亲民，是很多家庭的首选。

5．风格统一性原则

在整个住宅中，各个空间的功能虽然不同，但是整体的装修风格要保持一致。尤其是在配色与装饰上要尽量做到风格统一，这样才能避免冲突之感。

体现在色彩中，则是：

在上图空间中，通过不同的拍摄角度可以看到餐厅和厨房采用同一种色调和设计风格，这让人在两个空间内行走的过程中不会产生突兀之感。

6．审美艺术性

设计是对美与艺术的追求，同时也是为人服务的，所以室内设计要在彰显独特气质与魅力的同时，还要满足审美情趣。

体现在色彩中，则是：

两个空间的色彩搭配非常相似，但是装修风格却大相径庭，这是因为不同的人对美的认识与理解是不同的。所以在室内设计过程中，还需要多与业主积极沟通，以满足客户需求。

2.3 室内设计十大法则

室内设计是在以人为本的前提下，创造功能合理、舒适优美、满足人们物质和精神生活需要的室内环境。优秀的室内空间设计同样要遵循一定的形式法则，才能创造出美的空间环境。

2.3.1 对比

对比，是把具有明显差异、矛盾和对立的双方安排在一起，进行对照比较的表现手法。在室内设计中采用该手法可以在强烈反差中产生鲜明对比，并形成相辅相成的比照与呼应关系。

在上图空间中，明度的色彩基调给人一种安静、舒缓的感觉，青色的软椅则给人活泼、鲜亮的感觉，二者在鲜明的对比中丰富空间的视觉层次感。

地毯与茶几属于低明度，而沙发为高明度，二者明度对比强烈，使空间视觉层次更加丰富。

2.3.2 和谐

室内设计是由多个要素共同组成，所以应在满足功能性的前提条件下，使室内中的装饰、颜色、光线等组合协调一致，成为和谐统一的整体。

在上图婴儿房中，墙壁、门、窗以及家具都为白色调，给人一种纯净、轻盈之感。

上图空间中白色墙壁与浅卡其色的地板在明度上差距较小，对比较弱，又通过光线的调整，整体给人一种轻松、舒适的感觉。

2.3.3 对称

对称是形式美的传统技法，具有平衡、稳定、秩序、庄重的特点。对称又分为绝对对称和相对对称。绝对对称强调左右两侧严格对称，但是会给人一种呆板、缺少变化的感觉；相对对称是在对称的基础上添加一些变化，使空间由呆板变得有生气。

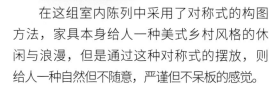

在这组室内陈列中采用了对称式的构图方法，家具本身给人一种美式乡村风格的休闲与浪漫，但是通过这种对称式的摆放，则给人一种自然但不随意，严谨但不呆板的感觉。

空间整体的气氛轻松、舒缓，而对称式构图手法的运用让整体更加灵动、既不张扬也不沉闷。

2.3.4 均衡

设计不是各种元素的堆积，而是在探寻一种心理和生理上的均衡之感。均衡是依中轴线或中心点不等形而等量的形体、构件、色彩相配置。

在一个纯白的空间中待久了就会有种落寞、压抑之感，所以厚重的实木餐桌打破了原有的空虚感，多了几分踏实与稳定。

对称给人严谨、协调的美感。在上图作品中，绝对对称的手法具有和谐、优美的韵味。

2.3.5 层次

我们生活在三维的空间中，层次感能够让人在空间移动的过程中感受到空间交换，给人以引人入胜的美感。室内设计可以在颜色的冷暖、明度上追求层次感，例如颜色从明到暗，从冷到暖；或者从纹理上追求层次，例如从复杂到简单，造型从大到小、从方到圆。

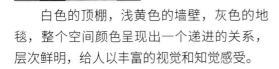

白色的顶棚，浅黄色的墙壁，灰色的地毯，整个空间颜色呈现出一个递进的关系，层次鲜明，给人以丰富的视觉和知觉感受。

布衣的沙发、软凳搭配木箱造型的茶几，打造出空间独有的层次感。

2.3.6 呼应

呼应是指事物之间的相互联系或照应，在室内设计中"呼应"是很重要的关系处理方式，一般运用形象对应、虚实气势等手法求得呼应的艺术效果。例如墙面颜色与沙发、地板的颜色一致，或者壁画与空间氛围一致。

上图空间采用复古风格的设计手法，黄褐色的沙发、茶几和地毯在颜色上相互呼应，而壁画与整个空间的氛围相互呼应。

开放式的厨房给人一种宽敞、舒展之感，大理石材质的桌面与操作台、墙壁形成相互呼应的关系。

2.3.7 延续

延续是指连续伸延，通过延续的处理手法使空间获得扩张感或导向作用。也能使人从一个空间过渡到另一个空间后不会有突兀、诧异之感。

由于玄关位置没有自然光，所以采用暖黄色的灯光在照明的同时又给人温馨之感。

开放式的厨房为适应空间结构而打造出了层次感，灰色的橱柜让空间气氛变得沉稳，而灯带的运用增加了空间的延续性。

2.3.8 简洁

生活通常要做减法，才能活的自由、不被束缚。设计也需要做减法，减少室内环境过多的修饰与附加物，遵从"少就是多，简洁就是丰富"的原则，为空间"留白"，让空间自由呼吸。

上图是一个非常简约的工业风格装修，极简风格的陈设线条硬朗，与空间的氛围和谐统一。

作品整体空间采用白色调，给人一种缥缈、空灵之感。陶瓷的浴缸与大理石的地面给人一种婉约、淡雅脱俗的韵味。

2.3.9 独特

独特是标新立异、打破常规的做法，就如同"荒漠中的绿地"让人心神向往。在室内设计中特别推崇有突破的想象力，以创造个性和特色。不仅如此独特也能突出户主对生活、艺术的不同见解。

上图空间为中明度色彩基调，通过室外的光线调节室内的明度。空间中的陈设给人一种很现代、很理性的视觉感受。

在上图空间中，卡其色的餐布与墙壁之间形成呼应关系，整体给人一种平静、祥和之感，为了避免呆板，所以采用了蓝色的餐具作为点缀，一冷一暖的颜色对比形成了独特的用餐范围。

2.3.10 色调

色调是室内设计的主要组成要素，同时也决定了室内的氛围。色调有很多种，一般可归纳为"同一色调、同类色调、邻近色调、对比色调"等，在使用时可根据环境不同灵活运用。

上图空间很有家的味道，空间宽敞、明亮，而且采光良好。在软装上大多采用布艺材质，从材质上来看，布艺给人一种温暖、舒适的触感。在颜色上来看，沙发颜色艳丽，非常抢眼，给人一种饱满、热情的感觉。

上图空间采用白色调，通过陈设为空间装点色彩。对比最为强烈的黑白色为主旋律。其他颜色则为点缀色，起到调节气氛的作用。

2.4 室内设计的要素

室内设计的要素包括：室内空间设计、室内建筑构件的装修设计、室内陈设品的陈设设计、室内照明设计、室内绿化设计和室内色彩设计。

2.4.1 室内空间设计

在室内设计中，空间设计是设计的灵魂与精髓所在，室内的环境空间会直接影响到生活、生产活动的质量，关系到使用者的安全、健康、效率、心情等。室内空间是人类有序生活所需要的物质产品，人对空间的需要是一个从低级到高级、从满足生活物质要求到满足心理精神需要的发展过程。下面两个设计首先在风格上分别采用了现代简约与传统欧式的设计手法，其次两者的空间组织也各有不同，这与其户型、大小、业主需求等限制条件有很大关系。

上图空间为现代主流的开敞式厨房与起居室结合的空间组织设计方法。此做法的优点在于其整合空间后能得到一个更大的、且使用率更高的综合空间。

上图空间为传统的半封闭餐厅，较高的竖向空间正是得益于其复杂的屋顶造型，以及吊灯等挂件的影响。

2.4.2 室内建筑构件的装修设计

室内建筑构件的装修设计包括：地板、天花、吊顶、柱子、墙裙、门窗框等的装饰设计，简要地讲就是室内设计的一种装饰艺术。利用不同材料的装饰特征如材质、颜色、肌理等可以获得不同风格的室内艺术效果，同时还能体现出不同的地区、历史、文化特征，也能反映出使用者的品位与喜好。

上图作品为传统的美式家居装饰设计，复杂的墙裙、线脚、画框与异形雕花桌椅组合无不体现出其鲜明统一的装饰风格。

上图作品简单的色彩搭配、简洁的线脚装饰、大量直线线条的使用、简洁明快的视觉效果正是现代简约装饰风格的效果体现。

2.4.3 室内陈设品的陈设设计

室内陈设设计简要的概括就是家居、陈设品等的挑选与摆放设计，大部分实用性陈设品与人们的生活异常密切，因此它在美化室内空间中最受人们重视。家具陈设品按照其使用与观赏功能大致可分为：坐卧性、储存性、陈列性、装饰性等家具。陈设品的样式、材质、色彩等也应与室内装修设计风格相符。

上图作品中出现的藤椅、藤制花钵、造型简洁的壁炉与简单的空间处理手法共同组成了一副完整并具有统一性的简约派现代田园风格。

上图作品色调深沉、材质表现突出。铁艺座椅、亚麻遮光布、清水混凝土地面与冰冷的光面大理石茶台组成了一幅严肃简约的现代商业会客空间画面。

2.4.4 室内照明设计

在室内设计中，光的作用尤为重要，它不仅能满足人们视觉功能的需要，而且还是空间美的创作者。光可分为两类，第一类为自然光源如阳光、月光，第二类为人造光源如吊灯、壁灯等。室内照明设计时应正确选择照明方式、光源种类、灯具造型，同时应处理好照明角度、颜色、强度等，以增强室内环境的艺术效果。

上图作品充分利用柔和的自然光与室内布艺座椅共同展现出一个温馨浪漫的休憩空间。亚麻色毛毯使直接光经漫反射让室内光源更为柔和饱满。

上图作品台灯照明使得空间层次和深度更加明显，光与影的变化使静止的空间生动起来，原本呆板的卧室顿时变得宁静、舒适。

2.4.5 室内绿化设计

身居闹市的人们日渐与大自然疏远隔离，这使得人们对室内环境的要求不断提高，希望有一个宁静舒适、具有大自然气息的环境。因此把大自然的植物引入室内空间中，利用有生命的绿色植物进行室内绿化装饰，能给呆板的空间环境带来生机和活力。

上图作品以暖色、绿色为主，不存在大的颜色对比，一株绿色植物与整体相融合，它与亚麻色沙发、绿色座椅靠背、木格栅遮光帘共同描绘了一幅典型的现代田园风格画面。

上图作品以一组插花绿化与桌椅组合互相衬托，简洁的地面、墙体、门窗装饰凸显着其新中式的装修风格，而正是这一抹红色打破了其沉闷、单调的空间感受。

2.4.6 室内色彩设计

色彩会使人产生各种各样的情感，室内设计中的色彩大致分为：起衬托作用的背景色、起统治地位的主体色、起点缀作用的强调色这三种颜色。并不是只有结构上的参差错落才可以营造出整体空间的节奏感，利用色彩反差、对比也能展现出不同的节奏和体验感，利用好颜色的互补性、融合性即可将室内设计的整体表现力变得更加统一或者多变。

上图作品地面、墙面、屋顶均采用不同颜色的装饰，但是它依然保持着很好的统一性。其原因就是此空间内主要利用纯度较低的灰色调颜色，因此没有产生相互冲突的视觉关系，却反而有了一种互补、相容的温馨感。

上图作品为面积适中的卧室空间，卧室应该是一个休息的、私密的、温馨的空间，本设计主体颜色应以暖色为主，卧室内的床头柜、枕头、窗帘以及照明设施等均应色彩统一、协调，使之能融为一体，更容易让使用者达到放松的状态。

2.5 色彩与室内设计的关系

在室内设计中，色彩是最直接、最具表现力、最生动的表达方式，所以它有着举足轻重的地位。色彩的搭配不仅能够起到美化环境，烘托气氛的作用，还可以通过人们对色彩的感知产生生理或心理的影响。色彩搭配在室内设计中有以下几点作用。

1. 调节空间感

颜色具有进退感，运用这种物理现象可以改变空间的面积或体积感。例如一个面积较小的房间，首选以白色作为主色调，因为白色轻盈、空旷，容易产生距离感。

　　过大的卧室空间容易产生距离感和不安感，如果没办法调节卧室大小，不妨采用颜色进行调节。上图作品采用深色调的配色方案，给人一种安定、平缓的心理感受，可使人更加容易入睡。

　　上图客厅的面积较小，所以采用了白色调的配色方案，白色的墙壁搭配上浅卡其色的沙发，让整个空间轻盈、明快。

2．调节心理

　　不同的色彩所带来的心理感觉是不同的，因此色彩的选项应该根据业主的年龄、性别、性格和阅历选择颜色设计方案。例如婴儿房色彩设计会选择浅蓝色、浅粉色等较为轻柔、对比较弱的颜色。

　　以白色作为卫生间的主色调可以给人一种干净、卫生的心理感受。

　　白色与浅灰色的搭配对比较弱，整体给人一种舒适、放松的感觉。

3．调节室温

颜色有暖色调也有冷色调，所以在室内设计中也要考虑冷暖色调的运用。例如在热带地区，就可以选择地中海风格的设计方法，白色与蓝色的搭配给人清爽、舒适的感觉。

白色的空间颜色给人一种简洁明快的感觉，搭配青色的椅子，整体给人一种清雅舒适、纯美自然的感觉。

橘黄色的地板和卡其色的沙发都属于暖色调，这一种带有温度的颜色应用在室内设计中，让温馨之感扑面而来。

4．调节室内光线

室内色彩可以调节室内光线的强弱，因为各种色彩都有不同的反射率，白色的反射率高，灰色的反射率低。所以可以根据室内的采光，适当地运用反射率来调节室内的进光量。

白色的空间看起来更加宽敞明亮，作品中白色所占面积较大，为了避免枯燥单调，所以使用了多彩的拼贴图案增加了视觉层次感。

暗色调能够使室内光线变暗，如果采用暗色调的配色，建议在室内采光良好、室内空间较大的情况下进行配色，不然容易产生拥堵感。

第3章　基础色与空间色彩设计

　　每个人都有属于自己的色彩喜好，在家居空间中选择业主喜好的颜色是设计者需要重点考虑的。同时，需要注意的是，不同的颜色所给人留下的感觉不同，室内家居的基础色主要分为：

　　红、橙、黄、绿、青、蓝、紫、"黑白灰"。

　　红：热情、喜庆的颜色，属于暖色调，代表着吉祥、热情、奔放。

　　橙：年轻、欢乐的颜色，属于暖色调，代表着华丽、健康、兴奋。

　　黄：耀眼、温暖的颜色，属于暖色调，代表着活泼、欢乐、希望。

　　绿：健康、自然的颜色，属于冷色调，代表着放松、舒缓、安全。

　　青：活泼、凉爽的颜色，属于冷色调，代表着清新、活泼、轻盈。

　　蓝：深沉、理智的颜色，属于冷色调，代表着成熟、科技、稳重。

　　紫：优雅、华丽的颜色，属于冷色调，代表着浪漫、神秘、华贵。

　　黑白灰：同属于无彩色。黑色可以让人产生深邃的感觉，白色则给人纯净、淡雅的感觉，灰色则比较柔和，可以体现主人的内涵修养。

3.1 红色

3.1.1 认识红色

红色： 红色是强有力的色彩，是热烈、冲动的色彩。红色总给人以热情、浓烈的视觉感受，在家居色彩中，红色能够提高室温，让空间的气氛更加活跃。在红色中逐步添加白色后，颜色变得轻柔，"女性色彩"也越发强烈。在红色中逐步添加黑色，颜色的明度逐步降低，颜色也就变得越来越中性化。

正面关键词： 喜庆、吉祥、热情、奔放、斗志、温暖。

负面关键词： 血腥、恐怖、警告、杀戮、伤害、欲望。

洋红	胭脂红	玫瑰红	朱红
RBG=207,0,112	BG=215,0,64	RBG=214,37,96	RBG=233,71,41
CMYK=24,98,29,0	CMYK=19,100,69,0	CMYK=11,94,40,0	CMYK=9,85,86,0

鲜红	山茶红	浅玫瑰红	火鹤红
RBG=216,0,15	RBG=220,91,111	RBG=238,134,154	RBG=245,178,178
CMYK=19,100,100,0	CMYK=17,77,43,0	CMYK=8,60,24,0	CMYK=4,41,22,0

鲑红	壳黄红	浅粉红	酒红
RBG=242,155,135	RBG=248,198,181	RBG=252,229,223	RBG=102,25,45
CMYK=5,51,42,0	CMYK=3,31,26,0	CMYK=1,15,11,0	CMYK=56,98,75,37

威尼斯红	宝石红	灰玫红	优品紫红
RBG=200,8,21	RBG=200,8,82	RBG=194,115,127	RBG=225,152,192
CMYK=27,100,100,0	CMYK=28,100,54,0	CMYK=30,65,39,0	CMYK=15,51,5,0

3.1.2 典型案例

左图空间并没有采用鲜红色作为主体色，而是采用深红色。深红色的沙发在白色墙壁的衬托下鲜艳但不跳跃，整个空间洋溢着温暖、热情之感，尽显主人热情好客的性格。深红色的沙发、酒红色的地毯和橘黄色的窗帘属于类似色，搭配在一起显得协调、统一。

 44,99,100,12

 67,83,65,34

 34,91,100,1

20,25,36,0

3.1.3 场景搭配

上图所示是一间非常宽敞的客厅，洋红色的沙发、桌面、抱枕是空间的点缀色。从这样一个女性化特点突出的空间中不难看出，这家的女主人是一个温柔、优雅、有品位的人。

上图空间中灰色的地面和墙面给人的是一种工业风的冰凉、冷酷之感。而摆放了红色软椅之后，红色与灰色产生激烈的碰撞，形成了一种鲜明的对比。

上图是一个后现代风格的空间设计，造型独特的软椅凸显出独特品位。大红色与黑色形成强有力的对比，使空间的视觉层次更加多样化。

3.1.4 红色常见色彩搭配

淡淡 胭脂		六月 花海	
初恋		北国 秋天	
奇幻 夏天		凤凰 涅槃	
胭脂 佳人		喜悦	

3.1.5 佳作欣赏

3.2 橙色

3.2.1 认识橙色

橙色: 橙色是由红色和黄色混合而来的颜色，当红色含量多时颜色呈现出橘红色，当黄色含量多时颜色呈现为橘黄色，当添加了一定的黑色后呈现出黄褐色。橙色在家居中还是较为常见的，原木色就属于橙色调。橙色是暖色系中温暖的颜色，但是高纯度的橙色容易造成视觉疲劳，比较适合作为空间的点缀色。

正面关键词: 明亮、华丽、健康、兴奋、温暖、欢乐、辉煌。

负面关键词: 轻浮、浮夸、焦虑、警告、晦涩、夸张。

橘色	柿子橙	橙色	阳橙
RBG=235,97,3	RBG=237,108,61	RBG=235,85,32	RBG=242,141,0
CMYK=9,75,98,0	CMYK=7,71,75,0	CMYK=8,80,90,0	CMYK=6,56,94,0

橘红	热带橙	橙黄	杏黄
RBG=238,114,0	RBG=242,142,56	RBG=255,165,1	RBG=229,169,107
CMYK=7,68,97,0	CMYK=6,56,80,0	CMYK=0,46,91,0	CMYK=14,41,60,0

米色	琥珀色	驼色	咖啡
RBG=228,204,169	RBG=203,106,37	RBG=181,133,84	RBG=106,75,32
CMYK=14,23,36,0	CMYK=26,69,93,0	CMYK=37,53,71,0	CMYK=59,69,100,28

蜂蜜色	沙棕色	巧克力色	重褐色
RBG= 250,194,112	RBG=244,164,96	RBG= 85,37,0	RBG=139,69,19
CMYK=4,31,60,0	CMYK=5,46,64,0	CMYK=60,84,100,48	CMYK=49,79,100,18

3.2.2 典型案例

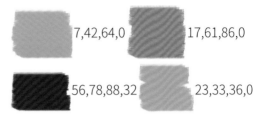

7,42,64,0   17,61,86,0

56,78,88,32   23,33,36,0

卧室在颜色的选择上尽量要给人一种安静、平缓之感，在这个空间中选择了杏黄色作为空间的主色调，墙壁的颜色与床品的颜色相呼应。地毯采用了橘黄色，颜色虽然艳丽但不夸张。整个空间采用单色调的配色方案，给人一种温馨、安逸之感。

3.2.3 场景搭配

在这个空间中，灰色是整个空间的色彩基调，橙色调的沙发点缀了空间色彩，使空间更有活力和亲和力，不仅如此，还为空间增添了一抹复古情感。

在这个空间中，门采用橘黄色，在白色墙壁的衬托下，橘黄色显得越发的纯粹、自然。从外面看到这扇门，也会联想到这家主人是非常热情好客的。

橘黄色的壁纸带着橘红色的暗纹，两种颜色属于同类色，搭配在一起，显得协调、自然。这样的壁纸应用在室内空间中，搭配得当会给人一种温暖、热情之感。

3.2.4 橙色常见色彩搭配

金色阳光		北欧阳光	
枫叶之都		温情午后	
幸福之家		艺术之旅	
金色秋天		柳橙汁	

3.2.5 佳作欣赏

3.3 黄色

3.3.1 认识黄色

黄色: 黄色给人轻快、希望和温暖的感觉,属于暖色调。黄色应用在室内空间中具有提高室内温度的作用,高明度的黄色给人温柔、舒缓的感觉,低明度的黄色给人以浑厚、稳重的感觉。在家居色彩中,黄褐色、深黄褐色、卡其色都是较为常见的颜色,这些颜色经常出现在窗帘、地板、家居和壁纸中,给人一种温暖又不夸张、舒适又不刺激的感觉。

正面关键词: 活泼、轻快、欢乐、温暖、希望。

负面关键词: 轻浮、色情、廉价、警醒。

黄	铬黄	金黄	香蕉黄
RGB=255,255,0	RGB=253,208,0	RGB=255,215,0	RGB=255,235,85
CMYK=10,0,83,0	CMYK=6,23,89,0	CMYK=5,19,88,0	CMYK=6,8,72,0

鲜黄	月光黄	柠檬黄	万寿菊黄
RGB=255,234,0	RGB=245,237,105	RGB=240,255,0	RGB=247,171,0
CMYK=7,7,87,0	CMYK=7,2,68,0	CMYK=17,0,84,0	CMYK=5,42,92,0

香槟黄	奶黄	土著黄	黄褐
RGB=255,248,177	RGB=255,234,180	RGB=186,168,52	RGB=196,143,0
CMYK=4,3,40,0	CMYK=2,11,35,0	CMYK=36,33,89,0	CMYK=31,48,100,0

卡其黄	含羞草黄	芥末黄	灰菊色
RGB=176,136,39	RGB=237,212,67	RGB=214,197,96	RGB=227,220,161
CMYK=40,50,96,0	CMYK=14,18,79,0	CMYK=23,22,70,0	CMYK=16,13,44,0

3.3.2 典型案例

　　左图是一间儿童房，房间以黄色作为主色调，搭配橘黄、红色、黄绿作为点缀色。整个空间色调活泼、可爱，非常适合儿童，给人一种童真的视觉感受。在这个空间中白色也起到了很好的衬托作用，在它的衬托下黄色变得轻盈、可爱，但试想将整个空间都涂成黄色，那么肯定会给人一种拥堵、压迫之感。

7,19,87,0　　16,14,7,0

17,94,78,0　　15,63,85,0

3.3.3 场景搭配

　　在上图空间中，黄色的沙发为空间提高了温度，使得空间更具人情味。

　　上图暖黄色的灯光柔和、不刺眼，给人一种温馨、安静的感觉，居住者处于这种环境中会感觉很放松。

　　上图卧室的主色调为灰色，正黄色的床头凳是整个空间的亮点所在，它颜色亮丽、明快，非常吸引人注意。

3.3.4 黄色常见色彩搭配

撞色		慢时光	
假日物语		怀旧风尚	
水果硬糖		少女系	
时尚大咖		初夏	

3.3.5 佳作欣赏

3.4 绿色

3.4.1 认识绿色

绿色： 绿色是自然界中常见的颜色，这种颜色给人的第一个感觉就是自然、健康。在家居色彩中绿色调常被应用在田园风格的装修中，凸显自然、清新之感。室内还会选择栽种一些绿植进行点缀，让人在家中也能享受大自然的气息。

正面关键词： 自然、健康、放松、清新、舒缓、安全。

负面关键词： 俗气、恶毒、恶心。

黄绿 RGB=216,230,0 CMYK=25,0,90,0	**苹果绿** RGB=158,189,25 CMYK=47,14,98,0	**墨绿** RGB=0,64,0 CMYK=90,61,100,44	**叶绿** RGB=135,162,86 CMYK=55,28,78,0
草绿 RGB=170,196,104 CMYK=42,13,70,0	**苔藓绿** RGB=136,134,55 CMYK=56,45,93,1	**芥末绿** RGB=183,186,107 CMYK=36,22,66,0	**橄榄绿** RGB=98,90,5 CMYK=66,60,100,22
枯叶绿 RGB=174,186,127 CMYK=39,21,57,0	**碧绿** RGB=21,174,105 CMYK=75,8,75,0	**绿松石绿** RGB=66,171,145 CMYK=71,14,0,52	**青瓷绿** RGB=123,185,155 CMYK=56,13,47,0
孔雀石绿 RGB=0,142,87 CMYK=82,29,82,0	**铬绿** RGB=0,101,80 CMYK=89,51,77,13	**孔雀绿** RGB=0,128,119 CMYK=84,40,58,1	**钴绿** RGB=106,189,120 CMYK=62,6,66,0

3.4.2 典型案例

左图是一个田园风格的设计方案，空间以淡绿色为主色调，以乳白色为辅助色，以红色为点缀色。淡绿色调给人一种淡雅、自然的心理感受，红色的复古花纹在这种柔和、宁静的气氛之中多了几分跳跃的气息。不仅如此，该空间采光良好，明媚的阳光洒在绿色的地毯上，显得温暖柔和，紧绷的神经似乎慢慢得到放松。

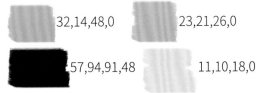

32,14,48,0　　　23,21,26,0

57,94,91,48　　11,10,18,0

3.4.3 场景搭配

　　在上图空间中没有过多的修饰，它以白色为主色调，黄绿色的抱枕和地毯空间显得跳跃、清新和自然。

　　在上图空间中绿色与深蓝色搭配在一起，在两种颜色铺陈交错下，突出了空间的层次感。

　　上图整个空间给人一种清爽、恬淡的心理感受，乳白色给人一种温柔、安静之感，在这种颜色的衬托下，更加体现了绿色的清雅、自然。

3.4.4 绿色常见色彩搭配

晨露		童真	
绿野仙踪		绿色稻田	
盛夏		早春三月	
春日恋歌		隐居	

3.4.5 佳作欣赏

3.5 青色

3.5.1 认识青色

青色： 青色是介于绿色与蓝色之间，但很多词容易让人误认为绿色。青色属于冷色调，给人一种清爽、活泼的感觉。在家居空中，青色不宜装修在寒冷的地区，因为它会给人冰凉、寒冷的感觉。高纯度的青色非常适合作为空间的点缀色，能够很好地活跃、点缀空间中的气氛。

正面关键词： 清凉、干净、冰爽、素雅、纯洁、轻快。

负面关键词： 郁闷、空虚、哀伤、忧愁。

青	铁青	深青	天青色
RGB=0,255,255	RGB=50,62,102	RGB=0,78,120	RGB=135,196,237
CMYK=55,0,18,0	CMYK=89,83,44,8	CMYK=96,74,40,3	CMYK=50,13,3,0

群青	石青色	青绿色	青蓝色
RGB=0,61,153	RGB=0,121,186	RGB=0,255,192	RGB=40,131,176
CMYK=99,84,10,0	CMYK=84,48,11,0	CMYK=58,0,44,0	CMYK=80,42,22,0

瓷青	淡青色	白青色	青灰色
RGB=175,224,224	RGB=225,255,255	RGB=228,244,245	RGB=116,149,166
CMYK=37,1,17,0	CMYK=14,0,5,0	CMYK=14,0,6,0	CMYK=61,36,30,0

水青色	藏青	清漾青	浅葱色
RGB=88,195,224	RGB=0,25,84	RGB=55,105,86	RGB=210,239,232
CMYK=62,7,15,0	CMYK=100,100,59,22	CMYK=81,52,72,10	CMYK=22,0,13,0

3.5.2 典型案例

左图是一个带有摩登气息的空间设计，特殊造型的墙壁、时尚造型的吊灯与布艺的沙发搭配在一起让空间如同乐章般有了跌宕起伏、高低错落的跳跃感。青色在这个空间有着举足轻重的地位，是整个空间的色彩灵魂，青色的沙发与地毯颜色相互呼应，给人一种鲜明、爽朗、轻盈的感觉。

 92,64,56,13

 62,12,22,0

 44,30,31,0

 39,81,85,3

3.5.3 场景搭配

在上图空间中青色应用在了地面，它就如同画作的底色，奠定了整个空间的色彩基础。青色与淡黄色的搭配，一冷一暖形成对比，让空间有活泼、欢乐的气氛。

在上图设计作品中，床品采用青色调。高纯度的青色给一种幽静、清雅的感觉，它与白色搭配在一起更是让人觉得干净、纯洁。

上图白色与青色的搭配让整个客厅气氛活跃起来，对提高室内亮度也有很好的帮助。

3.5.4 青色常见色彩搭配

清幽		白云漫天	
深夜		冲浪	
冰冷湖面		春游	
童真少年		海天一色	

3.5.5 佳作欣赏

说图解色

——住宅空间色彩搭配解剖书

3.6 蓝色

3.6.1 认识蓝色

蓝色： 蓝色属于冷色调，高纯度的蓝色给人冷静、理性、安详的感觉，在蓝色中添加白色后颜色逐渐轻快、活泼起来，在蓝色中添加黑色后颜色变得浑浊，给人的感觉也变得深沉与老练。在家居配色中，蓝色的应用也非常广泛，知名度最广的就应该为地中海风格，其白色与蓝色搭配给人以蓝天、沙滩、海浪的联想，视觉效果自然、明亮、亲和力强。

正面关键词： 严肃、冷静、理智、科技、信赖。

负面关键词： 压抑、呆板、寂寞、薄情。

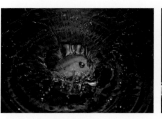

蓝色	天蓝色	蔚蓝色	普鲁士蓝
RGB=0,0,255	RGB=0,127,255	RGB=4,70,166	RGB=0,49,83
CMYK=92,75,0,0	CMYK=80,50,0,0	CMYK=96,78,1,0	CMYK=100,88,54,23

矢车菊蓝	深蓝	道奇蓝	宝石蓝
RGB=100,149,237	RGB=1,1,114	RGB=30,144,255	RGB=31,57,153
CMYK=64,38,0,0	CMYK=100,100,54,6	CMYK=75,40,0,0	CMYK=96,87,6,0

午夜蓝	皇室蓝	浓蓝色	蓝黑色
RGB=0,51,102	RGB=65,105,225	RGB=0,90,120	RGB=0,14,42
CMYK=100,91,47,8	CMYK=79,60,0,0	CMYK=92,65,44,4	CMYK=100,99,66,57

爱丽丝蓝	水晶蓝	孔雀蓝	水墨蓝
RGB=239,246,252	RGB=185,220,237	RGB=0,123,167	RGB=73,90,128
CMYK=8,2,0,0	CMYK=32,6,7,0	CMYK=84,46,25,0	CMYK=80,68,37,1

3.6.2 典型案例

蓝色是永恒的象征，具有一种独特的风情。在纯净明快中透出一丝清凉，为居室营造出纯净明媚的感觉，大面积合理地使用蓝色不仅不会显得抑郁，反而会在纯净中多了些许浪漫。简欧风格的装修设计，以蓝色为主基调，搭配设计感十足的桌椅组合、木地板及植物摆设能使空间更加地温馨舒适。

 86,54,4,0

 100,95,50,7

 20,14,5,0

 54,69,84,16

3.6.3 场景搭配

浅色多层次的背景衬托出这组深蓝色的沙发，配以明亮的色块地板更加突出了沙发在这个空间的主体作用。当色彩种类过多、过于鲜艳的时候即可用深蓝色平衡整体色彩感受。

暖色墙面、白色窗帘搭配以多种蓝色为基调的家居设计，是典型的地中海风格。蓝色的床更是突显出房主对那一片寂静的蓝色的渴望，每天醒来仿佛就能听见海浪拍打岩石的声音，睁开眼睛就能看见蔚蓝的地中海。

明快的天蓝色+亚麻色+温暖的橡木色，这种配色方案是蓝色的经典用法，充分利用蓝色的属性来展现简约又复古的温暖、平静之感。

3.6.4 蓝色常见色彩搭配

少男烦恼				记忆深处	
平静生活				天空翱翔	
地中海				天空之城	
天鹅梦				童年	

3.6.5 佳作欣赏

3.7 紫色

3.7.1 认识紫色

紫色： 紫色是介于红色与蓝色之间的颜色，在光谱中是人类能看到波长最短的光，代表着高贵、优雅。在紫色中添加白色后，颜色呈现出非常女性化的特点，会给人可爱、温柔的感觉；在紫色中添加黑色后，颜色会变得非常中性。

正面关键词： 高贵、优雅、温柔、娇弱、浪漫。

负面关键词： 抑郁、虚荣、怪异。

紫 RGB=102,0,255 CMYK=81,79,0,0	淡紫色 RGB=227,209,254 CMYK=15,22,0,0	靛青色 RGB=75,0,130 CMYK=88,100,31,0	紫藤 RGB=141,74,187 CMYK=61,78,0,0
木槿紫 RGB=124,80,157 CMYK=63,77,8,0	藕荷色 RGB=216,191,206 CMYK=18,29,11,0	丁香紫 RGB=187,161,203 CMYK=32,41,4,0	水晶紫 RGB=126,73,133 CMYK=62,81,25,0
矿紫 RGB=172,135,164 CMYK=40,52,22,0	三色堇紫 RGB=139,0,98 CMYK=58,100,42,2	锦葵紫 RGB=211,105,164 CMYK=22,71,8,0	淡丁香紫 RGB=237,224,230 CMYK=8,15,6,0
浅灰紫 RGB=157,137,157 CMYK=46,49,28,0	江户紫 RGB=111,89,156 CMYK=68,71,14,0	洋红 RGB=166,1,116 CMYK=46,100,26,0	蔷薇紫 RGB=214,153,186 CMYK=20,49,10,0

3.7.2 典型案例

紫色大面积地应用到背景墙及其他家居用品中，这种色彩搭配不仅不会使空间过于昏暗、压抑，反而会有一种雅致、浪漫的效果。紫色是一种神秘、高贵的色彩，能有效地提高空间档次，同时也能起到心理上的抑制作用，使人更具勇气和安全感。

 72,100,60,40　　 27,62,9,0　　 86,100,47,16　　 54,52,12,0

3.7.3 场景搭配

上图直线型简洁的空间及家居设计，光面浅色的大理石地面与其共同营造出一副典型的超现代风格。紫色的装饰画与沙发抱枕效果突出，使冰冷的空间有一丝暖意，同时又增强了浪漫情调。

上图白色打底的空间没有过于复杂的设计，紫色的沙发座椅突出高贵、优雅的气质，深色的背景墙及原木色地板更使跳跃的色彩组合不失沉着稳重的性格。

在上图空间中，阳光透过半透明的窗帘洒在被紫色萦绕的海洋，这就是新古典主义追求的温馨、浪漫、复古的新情怀。哥特风格的吊灯和抽象的墙面装饰更是体现出了业主对艺术和生活品质的追求。

3.7.4 紫色常见色彩搭配

午夜精灵		华丽	
夏威夷		女人花	
优雅女神		丁香花海	
昨夜的梦		棉花糖	

3.7.5 佳作欣赏

3.8 黑、白、灰

3.8.1 认识黑、白、灰

黑： 黑色是无彩色中明度最低的颜色，给人以庄重、压抑的感觉。黑色会影响室内的光线，使室内光线变暗，所以在狭小的空间中尽量避免使用黑色作为主色调。黑色是十分难以驾驭的颜色，通常会作为点缀色出现在室内设计中，如黑色沙发、黑色柜子等。

正面关键词： 力量、品质、大气、豪华、庄严、正式、严肃。

负面关键词： 恐怖、阴暗、沉闷、犯罪、暴力、粗糙。

白： 白色包含着七色所有的波长，堪称"理想之色"。白色在家居空间中应用非常广泛，无论何种颜色在白色的对比或衬托之下都会变得很鲜明、突出。不过，纯白的空间可以给人非常空灵的感觉，在白色室内空间中待久了会有一种很冷清、落寞的感觉，如果想提高室内的温度或调整气氛，可以添加一些有彩色的家具或装饰，让室内气氛活跃起来。

正面关键词： 轻盈、干净、简洁、温和、圣洁。

负面关键词： 空洞、冷淡、虚无、冷漠、冰冷。

灰： 灰色是介于白色与黑色之间的色调，中庸而低调，同时象征着沉稳而认真的性格。高明度的灰给人一种干净、休闲的感觉，低明度的灰则营造出一种深沉、老练、冷静的氛围。

正面关键词：温和、理性、中庸、谦虚、包容。

负面关键词：压抑、烦躁、肮脏、粗糙。

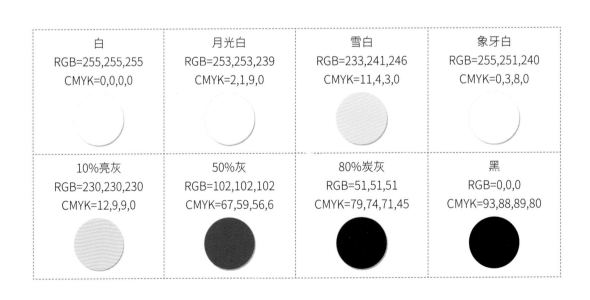

白	月光白	雪白	象牙白
RGB=255,255,255	RGB=253,253,239	RGB=233,241,246	RGB=255,251,240
CMYK=0,0,0,0	CMYK=2,1,9,0	CMYK=11,4,3,0	CMYK=0,3,8,0
10%亮灰	50%灰	80%炭灰	黑
RGB=230,230,230	RGB=102,102,102	RGB=51,51,51	RGB=0,0,0
CMYK=12,9,9,0	CMYK=67,59,56,6	CMYK=79,74,71,45	CMYK=93,88,89,80

3.8.2 典型案例

黑、白、灰三色的应用体现了空间设计的现代简约风格，此种风格在大部分公共场合及小部分家居设计中均有所体现。黑色深沉、压抑，应以背景色或点缀为主；灰色为过渡色，是应大面使用的颜色；白色为主色调，应频繁出现。黑、白、灰三色组合无疑会给室内装饰艺术一个很好的展现空间，因其适合体显其他色，故可做基础色或背景色，能更好地凸显装饰品。

 23,17,17,0   74,68,60,18   100,100,100,100   0,0,0,0

3.8.3 场景搭配

上图白色墙面衬托着灰色、黑色的沙发桌椅组合，打造出一个清晰、明朗的复古式商业洽谈空间，点缀的暖黄色座椅靠背及实木地板让原本冷清的空间又多了一丝热情与温暖。使用暖色可以活跃紧张的气氛，同时又增添了几分复古韵味。

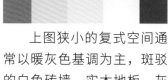

上图狭小的复式空间通常以暖灰色基调为主，斑驳的白色砖墙、实木地板、灰色的家具及墙体凸显出浓郁的工业风格。灰白色给人温柔恬静、简约优雅之美，能让人在喧嚣浮沉的现实生活中获得一丝宁静，因此受到很多年轻人的喜爱。

在上图空间中，黑、白双色的墙体与灰色的水泥地面体现出现代简约的设计风格，给人以清爽干净的视觉体验。隐藏的暖色筒灯照明在不影响整体简约风格的同时，给空间一丝温暖亲近的感受。

3.8.4 黑、白、灰常见色彩搭配

老练					绅士				
朋克					干练				
失眠的夜					日和风				
暴风雪					安静生活				

3.8.5 佳作欣赏

第 4 章 居住空间的色彩搭配

　　色彩一方面可以表现美感，另一方面可以加强环境效用。由于人的职业、地位、文化、阅历、年龄、性别以及生活习惯不同，对色彩的审美情趣也不同。不仅如此，空间功能不同，则所选的色彩搭配也是不同的，本章主要讲解居住空间的色彩搭配。

4.1 客厅的色彩搭配

　　客厅也称为起居室，客厅作为房子的门面，是整个房子的设计重心，客厅的装修也体现了业主的性格、品味、习惯及个性。

客厅的设计原则

1．风格要明确

　　通常客厅的装修风格能够引导整个房子的设计风格，是整个家居设计格调的灵魂。客厅的风格可以通过用颜色、灯光及后期的配色来实现。

2．个性要鲜明

　　客厅的装修最能体现主人审美和品味，也最能反映生活情趣。客厅的装修设计不单单是通过装修材料、装修手法来表现，更多是通过装饰的选择、颜色的搭配、材质的应用等"软装饰"来体现业主的审美情趣。

3．分区要合理

　　要将客厅从整体空间中区分出来，可以采用两种方式：一种是"软性划分"，例如通过顶棚的造型、地砖和地毯的颜色、家具或灯光的选取等方法将空间划分开；另一种方式是"硬性区分"，这种方法是通过隔断和墙的设置，从大空间中独立出一些小空间来。

4．重点要突出

　　在客厅中通常会设定一个主题墙，主题墙的作用是引导视线、引人注意。在主题墙上可以用各种装饰材料做一些造型，以突出整个客厅的装饰风格。

4.1.1 温馨

色彩说明： 左图空间整体的色彩基调属于暖色调，柔和的大地色调给人朴素、亲切的心理感受

设计理念： 地中海装饰风格带着泥土与岩石的粗粝之感，搭配具有民族色彩的装饰让整个空间呈现出现代与民族融合的独特韵味

1. 大地色调与白色搭配在一起，既能保留大地色调的韵味，又能提升空间的明度
2. 多彩的抱枕和沙发可以丰富空间的颜色，也能让人感受到家的温馨
3. 原木装饰让空间看起来自然、朴实

55,72,100,22

20,43,57,0

80,40,93,3

色彩延伸：

4.1.2 轻快

色彩说明： 左图空间以白色作为主色调，运用高纯度的红色、黄色作为点缀色，使整个空间显得轻快、活泼、有活力

设计理念： 这是一个面积相对较小的客厅，利用白色调在视觉上增加场域的宽度

1. L形的沙发充分利用了空间
2. 深褐色的地板与白色的墙面形成对比，从而丰富了空间的视觉层次
3. 沙发的颜色与空间的色调相同，形成统一的视觉感受

6,9,70,0

5,95,95,0

14,11,10,0

色彩延伸：

4.1.3 理性

色彩说明： 左图空间整体采用无彩色的搭配，浅灰色与深灰色的搭配给人理性、内敛的视觉感受

设计理念： 该空间采用美式休闲设计风格，整个空间场域开阔，空间中的陈设与家具都给人一种无拘无束、休闲放松的感觉

1. 因为业主并不是很喜欢看电视，所以将电视安放在空间的角落，这样既能节约空间，又能保留其功能
2. 壁炉是整个空间的视觉重点，所以将其设计成深灰色，这样更加凸显它在空间中的地位
3. 大面积白色调的地毯可以减轻深色调空间的压迫感

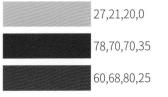

27,21,20,0

78,70,70,35

60,68,80,25

色彩延伸：

4.1.4 中庸

色彩说明： 左图空间以亮灰色搭配米黄色，整体色调柔和、谦虚，不温不燥，给人很中庸的视觉感受

设计理念： 该空间采用新中式风格，它将中式元素与现代材质巧妙兼柔，整体给人一种清雅、含蓄、端庄的感觉

1. 大面积的落地窗能够增加室内外的流动性，让业主在室内也能够欣赏到室外的风景
2. 红褐色调的中式风格家具是整个空间的精髓
3. 浅色调的素色地面很好地衬托出空间中的各种元素，但并没有产生喧宾夺主的感觉

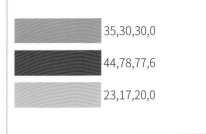

35,30,30,0

44,78,77,6

23,17,20,0

色彩延伸：

4.1.5 常见陈设选择

沙发	沙发	贵妃椅	抱枕
抱枕	地毯	电视柜	绿植
电视柜	茶几	茶几	茶几
落地灯	壁灯	射灯	吊灯

4.1.6 装修攻略——茶几的选择方法

茶几有摆放日常用品、点缀客厅的作用，可以根据以下三点选择茶几：

1. 根据家装风格选取

家装风格是选择茶几的重要依据，只有风格统一才能形成平衡的美感。例如现代风格适合采用玻璃或石材等材质的茶几，日式风格则适合采用原木材质茶几。

2. 尺寸适当

为了达到视觉上的美感效果，茶几的合适长度为沙发长度的七分之五到四分之三，合适宽度则是沙发宽度的六分之五。

3. 安全性和实用性

茶几的边角最好是光滑的，且连接处要稳固，这样才能确保安全。茶几应该带有一定的储物功能，这样可以收纳多余的小物件。

4.1.7 色彩搭配实例

双色搭配	三色搭配	四色搭配

4.1.8 佳作欣赏

4.2 卧室的色彩搭配

卧室又被称作卧房、睡房，分为主卧和次卧。主卧是卧室中较大的一间，也应该是装修设计最下功夫的一间，通常是家庭中较为权威的人所居住的房间，次卧指区别于主卧以外的居住空间，例如老人房、儿童房或者客房都属于次卧。

人的一生有三分之一的时间要在卧室中度过，所以卧室的装饰设计就显得尤为重要。在对卧室进行设计时可以把握以下几点原则：

1．私密性

卧室作为一个睡觉的地方，是一个私密的空间，在设计上要求封闭性，应让人感觉安静、舒适，这样才能给人足够的安全感。

2．使用要方便

当一个人处于休息的状态时，就会变得很慵懒，所以在床头两侧要安放床头柜，这样一些触手可及的东西就可以放在上面，方便随手可得。不仅如此，卧室通常会放衣物和被褥，所以要考虑一定的储物空间。

3．装修风格尽量简洁

一个安静、舒缓的空间是非常有助于快速进入睡眠的，所以装修风格要尽量简洁。通常卧室的装修设计是通过窗帘、床品和衣橱的软装来体现的，因为他们的面积较大，颜色也较为突出，所以在这些软装饰的选择上要格外下功夫。

4．色调柔和

在卧室颜色的选择上，尽量避免黄色、橙色、红色等鲜艳的颜色，也需要避免选择青色、蓝色等冷色调，尤其是冬天较为漫长的地区，这类冷色调会让空间显得冰冷。在颜色的选择上可以选择一些中性色，例如卡其色、奶茶色、亮灰色等，因为这类颜色素雅，更容易营造轻松的氛围。

5．灯光照明要讲究

卧室中尽量选择光线柔和且不刺眼的灯作为主光源，还可增添台灯、壁灯以增加灯光的层次。

4.2.1 浪漫

色彩说明： 左图空间属于高明度色彩基调，白色调会给人干净、纯洁的感觉

设计理念： 碎花壁纸是整个空间的视觉重心，在白色调的衬托下显得活泼、浪漫，具有女性温柔的气息

1. 白色的床品干净、整洁，可以凸显出业主爱干净的特点
2. 黄色的抱枕、床头柜、灯具具有提升空间温度的作用
3. 用绿植点缀空间，不仅能够净化空间，还能让空间更具自然情趣

13,89,62,0

16,37,50,0

14,9,4,0

色彩延伸：

4.2.2 轻工业风

色彩说明： 左图空间以亮灰色为主色调，这种灰色给人以干净、柔和的视觉感受。搭配上同色系的床品，让整个空间的设计风格安静且文艺

设计理念： 整个空间没有复杂的装饰，浅灰色的水泥墙面给人朴实无华、自然沉稳的外观韵味

1. 该空间高挑的天花板让空间显得空旷，而灯带的增加可以弥补采光不足
2. 这种轻工业风格的设计更适合家居空间
3. 纯白色的墙裙在颜色和材质两方面增加了空间的变化，使整体设计不至于太过呆板、冰冷

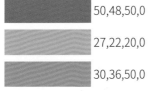

50,48,50,0

27,22,20,0

30,36,50,0

色彩延伸：

4.2.3 休闲

色彩说明： 左图空间以白色为主色彩基调，利用窗帘、床品、地毯营造出休闲、舒适的气氛

设计理念： 在该空间中，对称的布局方式给人严谨、协调的美感，白色的床头柜与空间色调统一、和谐

1. 青灰色的床品是空间的视觉中心，与红色的地毯形成对比关系
2. 带有青色花纹的窗帘具有浪漫的民族风情
3. 室内白天采光充足，吊灯和床头灯保证了晚上的照明，并且让光源具有层次感

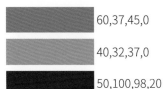

60,37,45,0

40,32,37,0

50,100,98,20

色彩延伸：

4.2.4 自然

色彩说明： 左图空间整体采用灰色的基调，利用浅黄色作为辅助色，整体色调给人柔和、温暖的感觉，可以让人得到深层次的放松

设计理念： 在这间卧室中床头背景墙是空间的亮点，石材纹理给人原始、自然的感觉

1. 这间卧室的面积较为宽敞，利用帷幔和飘窗可以丰富空间内容
2. 芦苇卷帘与空间相融合，体现朴实、自然
3. 原木的茶几与椅子造型古朴，保持了原始面貌，表达了返璞归真的意味

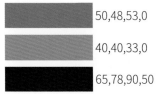

50,48,53,0

40,40,33,0

65,78,90,50

色彩延伸：

4.2.5 常见陈设选择

床	床	床头凳	床头凳
吊灯	吊灯	床头灯	床头灯
地毯	地毯	衣柜	衣柜
床头柜	床头柜	绿植	屏风

4.2.6 装修攻略——柔和光线营造安宁睡意

卧室是人休息、睡眠的地方，要尽量营造安静、松弛的气氛，在光源的选择上要避免过于刺眼的灯光，可以选择较为柔和的灯源。还可以选择整体照明与局部照明相结合的方式，根据需要自由使用，局部照明可以设置在床头，可以选择落地灯、床头灯或壁灯。

在上图卧室中，落地灯与壁灯相结合，最大程度上满足了局部光源的使用。不仅如此，灯的造型精巧、别致，极富现代感。

作为局部光源，左图床头位置的灯带采用隐蔽式的设计，这样既减少了空间中的元素，又增加了空间的层次感，营造出柔和、温馨的氛围。

4.2.7 色彩搭配实例

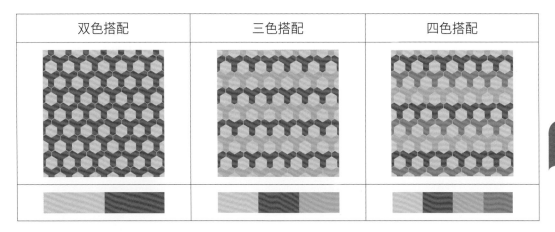

双色搭配	三色搭配	四色搭配

4.2.8 佳作欣赏

4.3 厨房的色彩搭配

厨房是用来烹饪的房间，一个精心设计的厨房能够让"做饭"更加快乐，所以一间合格的厨房要同时兼具实用性和美观性，美观性要求在视觉上看起来干净清爽，实用性则讲究在烹饪过程中能够舒适、方便。

厨房可以分为独立式厨房和开放式厨房。独立式厨房的特点是封闭空间，在烹饪时能够保证其他房间的空气新鲜。开放式厨房通常与客厅是相连的，设计上最需要注意的一点就是排烟，因此通常会采用大功率的吸油烟机，来保持室内空气的清新。在以前，开放式厨房较为适合西方人，因为东方人做饭所产生的油烟较大，故比较适合封闭式的独立厨房。但是随着吸油烟机的性能不断革新，这些问题也就迎刃而解了。

厨房的装修要点

1. 操作台的高度

厨房操作台需要根据业主的身高量身打造，因为当弯腰超过20°时会让腰部超负荷工作。

2. 灯光布局

厨房的灯光分为两种，一种是对整个空间的照明，另一个是对相对独立操作空间的照明。

3. 嵌入式电器设备

现代厨房中有很多小家电，在设计之初需要预留出摆放家电的空间，以便开启与使用。

4. 有效利用空间

因为厨房中会存放很多东西，例如餐具、食品，这就需要有足够的储物空间，如何能更加合理、有效地利用空间就显得尤为重要。

5. 电源的预留

厨房中会有很多小家电，电源开关要预先设计好，并且要做好隐蔽、防水的工作。

4.3.1 干净

色彩说明： 左图空间以白色为主色调，大面积的白色给人干净、卫生的感觉。深色调的地板能够增加空间的层次感

设计理念： 半开放式的布局让空间场域形成一个相对封闭的空间，L形的操作台面更符合操作习惯

1. 该空间采光良好，可为烹调提供了良好的光线
2. 绿植的点缀能够活跃空间的气氛，丰富空间的色彩让厨房多了自然气息
3. 橱柜采用统一色调，给人和谐的美感

	20,13,16,0
	35,0,75,0
	20,20,90,0

色彩延伸：

4.3.2 温暖

色彩说明： 左图空间以亮灰色搭配浅黄色，整体色调给人温暖、和煦的视觉印象，让家居空间更有温馨之感

设计理念： 开放式的厨房能够让空间更加开阔，中岛台的设计能够增加操作的使用面积

1. 该空间用地毯将客厅和厨房两个空间区分开来
2. 橱柜采用单色调，并不加任何修饰，给人简约、大方的视觉印象
3. 合理的橱柜设计收纳了烤箱和微波炉，节约了空间，让厨房看起来更加简洁，避免了杂乱

	24,42,47,0
	50,72,90,15
	35,38,36,0

色彩延伸：

4.3.3 稳重

色彩说明： 左图空间整体以深色调为主色调，黑色与深咖啡色的搭配给人稳重、低调的感觉

设计理念： 这间厨房采用开放式的布局方式，操作台和中岛台之间间距适度，两个人操作时也不会产生拥堵

1. 实木材质的橱柜和吧台椅给人高档的感觉
2. 黄色的吧台灯在深色调环境色的衬托下显得温暖而活泼
3. 中岛台面的转折位置做成了圆角，这样可以避免划伤，通过这些小的细节可见设计师的用心

70,73,82,47

7,26,90,0

63,62,75,16

色彩延伸：

4.3.4 朴素

色彩说明： 左图空间采用大地色搭配亮灰色，整体给人一种原始、朴素的感觉

设计理念： 这是一间开放式的厨房，中岛台一方面满足了操作需求，另一方面能够起到划分空间的作用

1. 白色的橱柜为空间增添了洁净之感
2. 竹子材质的吧台椅与整个空间情调相匹配
3. 实木材质的房梁与现代风格的橱柜形成了鲜明的对比，使空间形成多元化的视觉体验

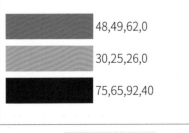

48,49,62,0

30,25,26,0

75,65,92,40

色彩延伸：

4.3.5 常见陈设选择

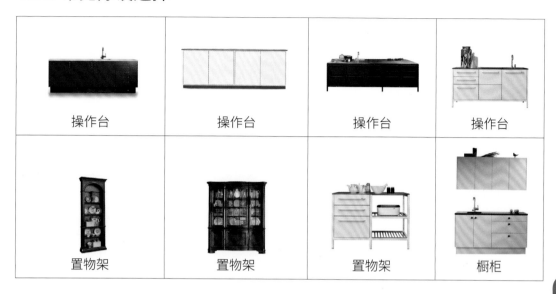

操作台	操作台	操作台	操作台
置物架	置物架	置物架	橱柜

4.3.6 装修攻略——如何提高室内采光

室内采光即是一种光源也是重要的美学因素，由于空间小、朝向不佳、窗户数量面积不充足等原因，室内的采光常存在问题。

技巧一：移除所有障碍

如果窗户不够大，应该避免遮挡物，这样才能迎接更多的阳光。

技巧二：巧用镜子

利用镜子的折射原理，可以在视觉上让房间更开阔，也能收获更多的光线和风景。

技巧三：改变窗台颜色

浅色的窗帘能够提高空间的明度，让空间看起来更清爽、通透。

技巧四：延长窗帘挂杆

延长窗帘挂杆可以让窗帘不遮挡窗口。

技巧五：巧用百叶窗

百叶窗能最大程度利用窗户的采光功能，提高室内采光的质量并能够调节整体的氛围。

4.3.7 色彩搭配实例

双色搭配	三色搭配	四色搭配

4.3.8 佳作欣赏

4.4 餐厅的色彩搭配

餐厅是用餐的空间，餐厅的设计要以整个室内设计风格为基调，还要从餐厅自身功能出发去考虑其色彩搭配。

餐厅的设计原则

1. 靠近厨房

餐厅靠近厨房便于上菜，而且在餐厅中会摆放餐饮柜，这样使用起来方便、省力。

2. 光线充足

餐厅的光线一定要充足，这样才能营造出舒适的就餐环境，除了要有良好的自然光线，人造光线不仅要充足，还要尽量柔和。

3. 餐厅色彩要温馨

餐厅的颜色尽量选择温馨、素雅，这样能够增加人的食欲。除了墙壁的颜色，窗帘、餐桌的颜色也不能忽视，这些家具的色调要相互映衬，协调统一。

4. 餐厅的划分

如果条件允许，餐厅应该有相对独立的空间，如果户型较小，可以将餐厅、客厅或厨房相连，然后利用软装饰进行空间的划分，这样既能在视觉上让空间显得更大，又能提高通透感。

4.4.1 安静

色彩说明： 左图空间采用无彩色的色彩搭配方案，黑色与亮灰色形成鲜明、醒目的颜色对比，给人安静、理性的色彩印象

设计理念： 餐厅连接着厨房，利用地面的颜色进行区间的划分，宽大的落地窗可让光线在这个空间中自由穿梭

1. 纯黑色的餐桌给人严肃的感觉，但是它在空间中所占的面积不算太大，所以并没有给空间造成压抑感
2. 暖色调的吧台灯让空间有了温暖之感
3. 大面积的亮灰色形成了朴实的色彩印象

82,73,65,33

90,87,88,78

30,23,19,0

色彩延伸：

4.4.2 轻快

色彩说明： 左图空间大面积的纯白色给人的感觉十分轻盈，青色和红色的搭配可以形成鲜明夺目的对比，整个空间色调给人是十分轻快、活泼的

设计理念： 整个餐厅空间较为宽敞，白色调的颜色设计在视觉上增加了空间的面积

1. 餐凳、墙裙和壁画的颜色相互呼应
2. 咖啡色调拼花地砖也是空间的一大亮点
3. 青色与红色属于对比色，二者搭配让空间颜色更具活力

0,87,74,0

78,35,28,0

32,29,27,0

色彩延伸：

4.4.3 自然

色彩说明： 左图空间中绿色的植物墙是整个空间的中心色，绿色与浅黄色属于临近色，二种颜色搭配在一起给人自然、舒适的美感

设计理念： 在这间餐厅中，植物墙是空间的亮点，大面积的绿植不仅造型美观，还具有净化空气、调节室温的作用

1. 浅黄色的桌面给人温暖的感觉
2. 良好的采光利于植物的生长
3. 带有靠垫的餐椅造型独特，兼具美观与舒适度

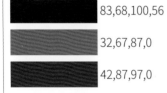

83,68,100,56

32,67,87,0

42,87,97,0

色彩延伸：

4.4.4 清爽

色彩说明： 左图空间以白色为主色调，以蓝色为点缀色，这是典型地中海风格色彩搭配，整个空间给人清爽、纯净的感觉

设计理念： 该空间面板不大，圆形的小餐桌刚刚够一家四口用餐，虽然略显拥挤但一家人其乐融融，尽享天伦之乐

1. 空间整体采用纯白色调，就连地板也是白色的，整个空间给人很纯粹的美
2. 边柜上陈列着青花瓷器，在色调上与空间颜色相呼应
3. 用热带植物装扮空间符合空间的情调

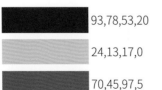

93,78,53,20

24,13,17,0

70,45,97,5

色彩延伸：

4.4.5 常见陈设选择

餐桌套装	餐桌套装	餐桌套装	餐桌
餐桌	餐椅	餐椅	餐椅
吧台灯	吧台灯	吧台灯	吧台灯
边柜	边柜	花盆摆件	花盆摆件

4.4.6 装修攻略——巧用"隐形门"

很多户型的设计并不十分合理，不同空间的划分没有明显间隔，这时将"隐形门"的概念引入进来，通过"门墙一体"的巧妙设计，可以起到分隔和延伸空间的作用。

4.4.7 色彩搭配实例

双色搭配	三色搭配	四色搭配

4.4.8 佳作欣赏

4.5 书房的色彩搭配

书房又称为"家庭工作室"，是作为阅读、书写（书桌、书柜）以及业余学习、研究、工作（符合身份，有足够空间等）的空间。书房是能够体现主人习惯、爱好、品位的场所。在书房设计中需要合理地进行布局，选择合适的装饰与配色，这样才能建立良好的工作与学习气氛。

书房的设计原则

1. 采光良好

因为是看书和工作的地方，所以一定要有良好的采光。在书房中书桌不宜放在阳光直射的位置，如果无法避免则需要遮光物。书桌应该配备专用的台灯，使光线直接照射在书桌上。若是在座椅、沙发上阅读，最好采用可调节方向和高度的落地灯。

2. 色调柔和

书房不宜选择颜色饱和度过高的色彩，因为会分散注意力，同时也不宜选择过于昏暗的色调，因为会给人压迫感，同时会让人产生睡意。书房的配色应该选择色调柔和、对比较弱的色彩，例如咖啡色、灰色、奶茶色等中性色。

3. 通风良好

现代人大多都用计算机办公，还会有其他的电子设备，所以需要一个良好的通风环境。

4.5.1 舒适

色彩说明： 左图空间以浅黄色为主色调，地板与背景墙的材质与颜色相同，统一了空间的视觉感受

设计理念： 现代家居空间寸土寸金，有一个独立的工作区也是一件令人幸福的事情，该设计中的工作区面积虽然不大，但书桌和书架却能够满足工作、学习的基本需求

1. 书架底部的灯带光线柔和不刺目，节约了空间
2. 白色的桌面和椅子给人干净、整洁的感觉
3. 这个空间是家中安静的角落，能够营造良好的学习、工作氛围

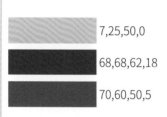

7,25,50,0

68,68,62,18

70,60,50,5

色彩延伸：

4.5.2 轻松

色彩说明： 左图空间以纯白为主色调，没有过多的颜色进行修饰，整体给人干净、纯净的感觉

设计理念： 这是一间让人感觉安静、放松的书房，紧凑的布局集办公、收纳为一体，有效地节约了空间

1. 在书房中点缀绿植体现了主人的审美情趣和热爱生活的态度
2. 从空间装饰能够看出是一个插画师的工作空间，体现了业主的特色和风格
3. 现代风格的家具造型美观同时具有实用性

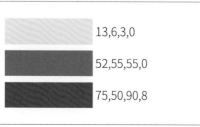

13,6,3,0

52,55,55,0

75,50,90,8

色彩延伸：

4.5.3 理性

色彩说明： 左图空间以深咖啡色为主色调，搭配少量的黑色给人理性、稳重的感觉

设计理念： 该书房分为上、下两层，将阅读区与办公区分离开，图中为阅读区，良好的采光和舒适沙发椅都营造了惬意的阅读环境

1. 旋转楼梯能够节约室内空间
2. 水泥墙面给人一种粗糙的工业感，与整个空间的现代感形成对比
3. 宽大的落地窗给人宽敞、大气的感觉，能将室外的景色尽收眼底

65,88,100,60

17,20,80,0

89,86,86,75

色彩延伸：

4.5.4 个性

色彩说明： 左图空间以灰色为主色调，斑驳的水泥墙面给人沧桑、陈旧的感觉

设计理念： 这是一间工业风格的书房设计，带有管道元素的书桌和黑色金属书架，符合空间的设计风格

1. 灰色的水泥地面与墙面给人一种颓废感
2. 金属与实木的混搭，既能保留家中温度又不失粗犷感
3. 新鲜的水培植物能够增加空间的"亲和力"，减少工业风的冰冷感

30,20,20,0

45,55,55,0

78,71,78,48

色彩延伸：

4.5.5 常见陈设选择

书桌	书桌	书桌	书架
书架	书架	书架	书架
座椅	座椅	座椅	座椅
台灯	台灯	落地灯	落地灯

4.5.6 装修攻略——认识8种板材

实木板	实木板就是采用完整的木材制成的木板材，其材造价高、坚固耐用、纹路自然
夹板	夹板，也称胶合板、细芯板。由三层或多层单板或薄板胶贴热压制而成。具有容重轻、强度高、纹理美观、绝缘等特点，又可弥补天然木材自然产生的一些缺陷，如幅面小、变形、纵横力学差异性大等缺点
装饰面板	装饰面板，俗称面板，是经过胶粘工艺制作而成的具有单面装饰作用的装饰板材
细木工板	细木工板，俗称大芯板，是由两片单板中间粘压拼接木板而成。其尺寸稳定、不易变形，可以有效地克服木材各向异性，具有较高的横向强度，由于严格遵守对称组坯原则，有效地避免了板材的翘曲变形
刨花板	刨花板是用木材碎料为主要原料，再渗加胶水、添加剂经压制而成的薄型板材。结构比较均匀，加工性能好，可以根据需要加工成大幅面的板材，可以制作不同规格、样式的家具

密度板	密度板,也称纤维板,是以木质纤维或其他植物纤维为原料,施加脲醛树脂或其他适用的胶粘剂制成的人造板材,按其密度的不同,分为高密度板、中密度板、低密度板。密度板由于质软耐冲击,容易再加工
防火板	防火板是采用硅质材料或钙质材料为主要原料,与一定比例的纤维材料、轻质骨料、黏合剂和化学添加剂混合,经蒸压技术制成的装饰板材。其色泽艳丽,花样选择多,具有耐磨、耐高温、易清洁、防水、防潮等特性,已成为橱柜市场的主导产品
三聚氰胺板	三聚氰胺板,全称是三聚氰胺浸渍胶膜纸饰面人造板,是一种墙面装饰材料。表面平整、因为板材双面膨胀系数相同而不易变形,其颜色鲜艳、表面较耐磨、耐腐蚀,价格经济

4.5.7 色彩搭配实例

双色搭配	三色搭配	四色搭配

4.5.8 佳作欣赏

4.6 卫浴间的色彩搭配

卫浴间也被称之为卫生间，是提供洗浴、盥洗等日常公共卫生活动的空间。如何进行卫浴的设计需要从空间的大小、格局来考虑，现代卫浴间的功能已经从单一的用厕，向多功能的方向发展。

卫浴间的设计原则

1．功能

卫浴的布局首先要考虑洗手盆、座厕、淋浴间三个主要功能设施，如果排污管位置已经安排完成，那么最好不要轻易改动位置，以免出现问题。洗手台区的设计是一个浴室的主体，在选购时要考虑卫浴的面积，如果空间小，那么就不宜选择过大的洗手台。洗浴方式有淋浴和盆浴两种，淋浴具有节省空间、省水、省电的优点，盆浴则更多地给人以舒适感。卫生洁具的选择应从整体设计上考虑，尽量与整体布置相协调。

2．通风

卫浴间易潮、易产生浊气，所以通风是设计要点。如果卫浴间没有窗户，要安装功率大、性能好的排气换气扇。

3．光线

"明卫"可以有自然光照射进来，"暗卫"所有光线都来自于灯光和瓷砖自身的反射。从卫浴设计考虑，卫生间应选用柔和而不直射的灯光。如果是暗卫而空间又不够大时，瓷砖不要用黑色或深颜色的，应选用白色或浅色调的，使卫生间看起来宽敞明亮。

4．色调

浴室的墙面、地面也是设计的重点，颜色和材质都可以起到装饰的效果。通常卫浴间会选择白色、淡青色、浅灰色等看起来干净的颜色，也会选择与洁具相呼应的色调。

4.6.1 清爽

色彩说明： 左图空间整体的色彩感觉是清爽、干净的，青色可以给人冰冰凉凉的清爽感，它与白色搭配更是让这种感觉得到了升华

设计理念： 该空间设计简约，线条利落充满力量感，洁具款式的选择也具有现代感

1. 纵向的瓷砖拼贴方式能够向上延伸空间
2. 马桶上方的置物架不占空间，并且非常实用
3. 淋浴间的设计做到了干湿分离，在打扫卫生时也变得更加轻松

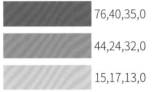

76,40,35,0

44,24,32,0

15,17,13,0

色彩延伸：

4.6.2 干净

色彩说明： 左图空间以纯白色为主色调，给人干净、纯洁的视觉感受，浅褐色的洗手台给人朴素、厚重的感觉

设计理念： 复古风格洗手台位于卫浴间的门口，外观质朴，并且具有超强的储物功能

1. 空间中的几点绿色与白色反差较大，是空间的点缀色，由此可见房子主人是非常注重细节的，就连毛巾的颜色都与空间色调相呼应
2. 打开镜子是一个储物柜，隐蔽的柜子不仅可以用来收纳，还能够让空间变得整洁
3. 洗手台最理想的位置就是位于门口

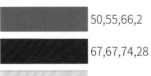

50,55,66,2

67,67,74,28

11,11,11,0

色彩延伸：

4.6.3 细腻

色彩说明： 左图空间为中明度色彩基调，灰褐色调的墙面颜色给人素雅、柔和的美感

设计理念： 该空间属于现代风格，上台面的洗手盆造型优美、美观大方。带有波纹纹理的墙面为空间带来曲线的美感，给人耳目一新的惊喜

1. 多层次的灯光不仅满足了照明，也营造了温馨、浪漫的气氛
2. 面积较大的镜子不仅实用，还具有延展空间的作用
3. 墙壁上的壁画可以装扮空间，也可以减轻人在卫生间里的孤独感和压抑情绪

57,58,62,4

35,35,43,0

75,80,80,60

色彩延伸：

4.6.4 粗犷

色彩说明： 左图空间以灰色为主色调，搭配深沉的原木色，整体色调给人一种粗犷、沉静的感觉

设计理念： 这是一个工业风格的卫浴间设计，因为面积比较小所以布局比较紧凑。复古风格洗手台应用在工业风格的空间中，二者混搭交错出多层次的变化

1. 洗手台左侧内嵌式的置物架非常有效地节约了空间
2. 水泥墙面和地面有一分沉静与现代感
3. 良好的照明减轻了深色调的压迫感

55,58,69,6

38,36,33,0

65,50,45,0

色彩延伸：

4.6.5 常见陈设选择

浴缸	浴缸	浴缸	花洒
浴室柜	浴室柜	浴室柜	浴室柜
淋浴房	淋浴房	淋浴房	淋浴房
马桶	马桶	镜子	镜子

4.6.6 装修攻略——卫浴间的设计技巧

1．巧妙分隔干湿区

要将卫浴间进行干湿分离，可以在洗浴区地面设置成凹形和斜坡形，与卫浴间地面高度形成高矮区。或者在洗浴区与盥洗区地面设计矮式的"门槛"，将湿区尽量与干区分隔开来。还可以直接设计成淋浴房，用玻璃墙作为区域的划分。

2．防滑防潮

卫浴间的地面适合选择防滑、防水的地砖，可以使用花岗岩等材质，墙面也可以选择此类材质，棚顶则适合选择塑料板材、玻璃和半透明板材等吊板。

3．优化采光

通常卫浴间面积有限，存在采光不足的情况，可以利用灯光来照明。因为卫浴间条件特殊，所以需要选择防水型吊灯。

4．最大限度利用空间

　　卫浴间的面积有限，在空间利用上更需要花心思，例如洗手台旁需要安置毛巾架，洗手台下一定要做柜子，它可有效地储放大量清洁卫生间的用品和放脏衣服的篮子，在座厕的上端可做一个约30厘米厚的层板窄身柜，用以摆放干净毛巾或浴袍。淋浴间的墙身可安置几块玻璃层板，以放置淋浴的用品。

4.6.7 色彩搭配实例

双色搭配	三色搭配	四色搭配

4.6.8 佳作欣赏

4.7 儿童房的色彩搭配

儿童房的功能不可简单理解为孩子睡觉的地方，还具有学习、游戏的功能，所以在设计儿童房时要添加有利于孩子观察、思考、游戏的元素成分。

儿童房设计原则

1．排除安全隐患

儿童好奇心强、好动，缺乏自我保护意识，所以在设计时要格外小心，避免各种潜在的危害。不仅如此，在装修材料选择上也需要研究考量，要选择无毒的安全材料。

2．预留家具尺寸

因为孩子会不断地成长，家具的尺寸最好也能应随之变化，例如学习桌可以选购能方便调节高度的，床的尺寸可以选大一些。

3．颜色明快

儿童性格天真烂漫，所以儿童房在色彩搭配上最好以明亮、轻松、愉悦的配色方案，以满足儿童的好奇心。不仅如此，颜色饱和度高、反差较大的颜色不仅能够引起儿童的兴趣，也能帮助他们认识自己所处的世界。

4．充足照明

儿童房一定要有足够的光线，合适且充足的照明，能让房间温暖、有安全感，有助于消除孩童独处时的恐惧感，而且孩子进行学习时也需要有足够的光线，以免伤害眼睛。

4.7.1 童真

色彩说明： 左图空间以白色为主色调，以青色为点缀色，整体色调给人一种活泼、童真的视觉感受

设计理念： 在这间儿童房中，青色调的纯棉床上用品和墙上的装饰画是视觉重点，带有卡通图案的床上用品符合儿童的心理。墙面上的装饰画来自孩子的日常涂鸦，既能装饰空间，又激发了孩子对学习绘画的热情

1. 白色的空间颜色可塑性强，如果将软装饰更换，可给人焕然一新的感觉
2. 黄色与青色是对比色的关系，二者搭配在一起给人一种鲜明、刺激的感觉
3. 从配色到装饰都可以看出家长为孩子创造了一个充满梦想与爱的成长空间

60,0,40,0

80,50,0,0

21,8,90,0

色彩延伸：

4.7.2 温情

色彩说明： 左图空间以亮灰色为主色调，搭配纯白色，整体给人一种温柔、和煦的感觉

设计理念： 这是一间婴儿房，纯白色的婴儿床、柜子给人干净、纯净的感觉

1. 无缝拼接的墙壁纸，图案有趣，符合孩子兴趣和性格发展趋势
2. 空间色调柔和，颜色对比微弱，给人温柔、舒缓、平静的感觉
3. 空间中大面积的留白也给孩子成长预留出空间

25,17,17,0

0,30,5,0

13,10,7,0

色彩延伸：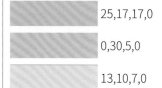

4.7.3 直爽

色彩说明： 左图空间以白色搭配蓝色，深沉的蓝色调特别适合男孩子直爽的性格

设计理念： 当家里孩子比较多时，双层儿童床是不错的选择，一方面可以节约空间，另一方满足了儿童爱攀爬、好动的性格特点

1. 白色的墙壁可以提高空间亮度
2. 柔软的地毯可以防止孩子脚底受凉，影响健康
3. 实木材质的儿童床结实耐用

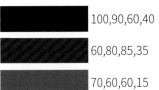

	100,90,60,40
	60,80,85,35
	70,60,60,15

色彩延伸：

4.7.4 女孩房

色彩说明： 粉红色是属于女孩的颜色，在左图空间中，白色与粉红色搭配在一起给人温柔、可爱的感觉

设计理念： 这是一件女孩房，温柔可人的色调搭配柔软的纯棉床品，整个空间给人一种梦幻、浪漫的感觉

1. 床头的装饰画以花朵为题材，充分体现了女孩房的唯美与浪漫
2. 粉色与黄色的搭配给人一种年轻又有朝气的感觉
3. 浅粉色的墙面颜色明度高，色调温柔，符合女孩子的审美习惯

	5,40,11,0
	15,11,6,0
	11,8,67,0

色彩延伸：

4.7.5 常见陈设选择

床	床	床	床
儿童桌	儿童桌	儿童桌	收纳柜
儿童椅	儿童椅	地毯	地毯
吊灯	吊灯	玩具	婴儿床

4.7.6 装修攻略——儿童房安全事项

1．家具转角要圆滑、组件要牢靠

为了避免尖锐的家具角划伤儿童，可以在选购家具时选择转角圆滑的家具。另外，儿童好奇、好动，家具很可能成为儿童玩耍的对象，组合式家具中的螺栓、螺钉要求接合牢靠，以防儿童自己动手拆装。

2．避免玻璃制品

玻璃制品因为易碎所以是隐患之一，为了避免伤害尽量不使用大面积的玻璃和镜子。

3．电源要有罩

电源插座要保证儿童的手指不能插进去，最好选用带有插座罩的插座。

4．家具要放稳

儿童比较好动，会攀爬、跳动，所以家具要用螺栓固定在墙上或地面，不能简单放置。而且家具不宜过高，可以避免攀爬时摔伤。

4.7.7 色彩搭配实例

双色搭配	三色搭配	四色搭配

4.7.8 佳作欣赏

第5章 公共空间的色彩搭配

在住宅空间中，除了最基本的空间之外还根据业主的需求安排"个性化"的空间，这些空间既是整个住宅的一部分，同时又具有自身的独特性。在颜色搭配和设计风格的选择上既要与整体风格相统一，又能够根据空间自身的特点选择属于自己的风格和配色。

5.1 玄关色彩搭配

房屋入户的区域为玄关，是由室内向室外的过渡空间，也是客人第一眼就能看的地方。玄关作为入户的第一道风景线兼具美观性和实用性两大特点。玄关的设计依据户型而定，可以是圆弧形的，也可以是直角形的，有的户型还可以设计成玄关走廊。

设玄关的目的

（1）为了避免一开门就对室内一览无余，通常会在进门处利用木质或玻璃作隔断，划出一块区域，在视觉上进行遮挡。

（2）玄关具有承上启下的作用。通常在玄关位置会安装衣架、鞋柜和穿衣镜，当业主一回到家，脱下的外衣、换下的鞋都可以放在玄关的位置。

（3）玄关还有一定的装饰作用，当客人来到自己的家中，进门第一眼看到的就是玄关，这是整个空间的门面，是客人对业主品位与审美的第一印象，所以在对玄关进行设计时反倒要格外用心。

设计要素

灯光

玄关位置通常会安装照明，并且开关就位于门口的位置。玄关位置的灯可以是吊灯或者吸顶灯，还可以添加射灯、壁灯、荧光灯等作辅助光源。

家具

在玄关位置可以安放衣架用来挂衣物，还可以摆放鞋柜用来存放换下的鞋子。在设计时应因地制宜，充分利用空间，这些家具在款式与色调上可以与整体的装修风格统一。

装饰

做玄关不仅考虑功能性，还需要考虑装饰性。如果玄关面积足够大，可以选择陈列一下主人比较中意的装饰品，如果玄关面积比较小可以选择一些小而精致或者有意义的装饰品。

地面

玄关通常和客厅相连，很多人喜欢利用地面将客厅与玄关区分开来。不仅如此玄关位置的地面是使用频率最高的地方，所以选择材料时要考虑其耐磨性、易清洗这两个特点。

5.1.1 大气

色彩说明： 左图空间采用中明度色的色彩基调，深褐色调搭配奶茶色调给人深沉、大气的感觉

设计理念： 这个玄关采用地中海式的装修风格，圆拱的造型贯穿了整个空间，这种造型适用于场域开阔的空间，体现异域风情

1. 褐色调的色彩搭配给人质朴、自然的视觉感受
2. 左侧墙面壁灯、装饰画以及摆件是玄关的一大亮点，体现了业主的审美情趣
3. 地面的仿古砖采用两种颜色的拼贴方式使效果更加完美

	50,60,70,3
	68,82,97,60
	10,10,30,0

色彩延伸：

5.1.2 实用

色彩说明： 左图空间以白色搭配深褐色色调，整体给人一种优雅、庄重的感觉

设计理念： 这是一个实用性非常强的玄关，超大的储物柜增加了收纳功能

1. 柜子的颜色与门框、吊灯的颜色相呼应
2. 白色的墙壁缓冲了深色调的压迫感
3. 灯的开关位于入户门的位置，符合使用习惯

	70,78,80,50
	35,28,32,0
	30,23,32,0

色彩延伸：

5.1.3 豪华

	色彩说明： 左图空间以白色为主色调，纯白色调给人干净、纯洁的感觉
	设计理念： 该空间采用简欧设计风格，简化的墙面造型给人干净、利落的美感
	1. 地面上马赛克的拼花丰富了空间的内容 2. 深褐色的大门在白色的衬托下显得庄严、肃穆 3. 因为空间的举架较高，在门上添加了一扇天窗能够增加室内的采光，也能增加室内外的联系

18,13,19,0 75,80,88,67 40,35,35,0	 

色彩延伸：

住宅空间色彩搭配解剖书

5.1.4 文艺

	**色彩说明：** 左图空间以白色调搭配原木色，整个空间给人细腻、文艺的感觉
	设计理念： 该空间采用北欧设计风格，门与换鞋凳采用原木材质，从外观上保持了木质的色彩与机理，给人自然、纯粹的感觉
	1. 整个空间没有过多的色彩，使整个空间保持了简约与大方的感觉 2. 洁白的底色通过软装、色彩的陪衬，凸显空间简约与从容 3. 一株生机勃勃的植物是很好的点缀方式

45,60,76,1 47,45,52,0 15,11,8,0	 

色彩延伸：

5.1.5 常见陈设选择

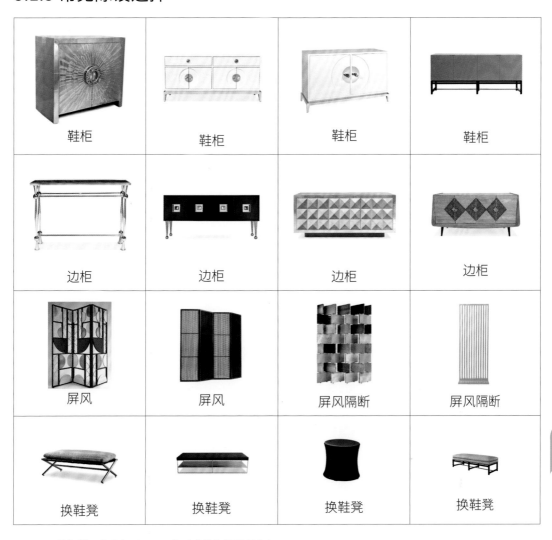

鞋柜	鞋柜	鞋柜	鞋柜
边柜	边柜	边柜	边柜
屏风	屏风	屏风隔断	屏风隔断
换鞋凳	换鞋凳	换鞋凳	换鞋凳

5.1.6 装修攻略——玄关鞋柜设计

一般家庭都会在玄关位置摆放一个鞋柜，用来存放经常穿的鞋或者在室内穿的拖鞋，所以鞋柜既要有装饰性又要有实用性。

1. 鞋柜+全身镜

搭配全身镜的组合式鞋柜可以在换好鞋子，准备出门之前照照镜子，整理仪态。

2. 鞋柜+换鞋凳

换鞋凳可以在换鞋的时候坐下来，让换鞋变成一件简单的事情。如果家中有小孩或者需要照顾的老人，换鞋凳也是必备之物。

3. 鞋柜+镂空屏风

如果客厅对着正面那么可以添加一个屏风，当屏风与鞋柜搭配组合在一起，既有缓冲视线的作用，还有储物功能。

4. 鞋柜+挂衣区

在门口位置添加一个挂衣区，当回到家里一些厚重的衣服就可以随手挂在门口的挂衣区。

5. 鞋柜+展示柜

鞋柜还可以和展示柜一起组合，当客人刚进家门就能看到装饰品，对主人的品位和喜好就有所了解。

5.1.7 色彩搭配实例

双色搭配	三色搭配	四色搭配

5.1.8 佳作欣赏

5.2 走廊色彩搭配

在居室装饰设计中，走廊是重要的环节，随着居室面积的增大，许多家庭都有了或长或短的走廊。

走廊即是"有顶的过道"，是室内的水平交通空间。走廊的性质比较特殊，一方面它是一个相对独立的空间，另一方面它具有承上启下的作用，因此在装修的时候要特别注意美观和层次感。

走廊设计要点

要点一：走廊地面设计

走廊地面的材料要与整个空间相统一。因为走廊的使用频率最高，所以通常会选择较为耐磨的材料，不仅如此还要考虑防滑问题，避免潜在威胁。

要点二：走廊墙面设计

一般家居中走廊空间都不会很大，甚至有的走廊是狭长形的，这往往会给人沉闷、呆板的感觉，所以在装修时可以悬挂装饰画、照片作为装饰。

要点三：走廊吊顶设计

吊顶在家居装修中起着协调整体空间氛围的作用，所以在吊顶设计时不能只考虑吊顶本身的美感，忽略与整体空间的搭配效果。如果空间的举架较高，可以通过吊顶来增加空间的层次感，如果走廊的举架不够高，则需要选择平顶。

要点四：走廊灯光设计

通道走廊需要充足光线，一般选择筒灯或射灯，密度不要太小也不宜太大，一般间隔在1m左右。走廊灯光不必过于明亮，保证正常照明即可。

5.2.1 通透

色彩说明： 左图空间中玻璃材质给人冷的感觉，而墙壁的颜色以及灯光给人温暖的感觉，二者搭配在一起形成了视觉平衡

设计理念： 该空间大面积采用了玻璃材质，整体给人通透、空灵的感觉

1. 为了避免玻璃材质的冰冷感，所以采用了暖色调的灯光
2. 吊灯采用水泥材质给人一种工业风的感觉
3. 宽大的落地窗增加了与室外的联系，可以对室外的景致一览无余

72,65,63,18

55,70,83,15

65,37,32,0

色彩延伸：

5.2.2 幽静

色彩说明： 左图空间以绿色为主色调，搭配黄褐色的木格栅，行走在走廊中有一种穿梭在森林中的感觉

设计理念： 这是一个狭长的走廊，一整面的植物墙给人幽静、清新的感觉

1. 在该空间中，阳光从缝隙中露下来，丰富了空间的层次感
2. 植物墙是个天然的"氧吧"，能够保证室内空气清新
3. 水泥地面质地粗犷坚韧，十分持久耐用

80,60,100,40

45,35,35,0

50,25,95,0

色彩延伸：

5.2.3 清新

色彩说明： 左图空间采用亮灰色色调，整体给人轻盈、优雅、纯粹的感觉

设计理念： 该空间采用简约设计风格，简单的色彩和装饰给人凝练、简单的美感

1. 暖黄色的灯光可以为空间添加温暖气息
2. 走廊尽头用植物和装饰画进行点缀，可使空间摆脱单调感
3. 亮灰色能够使狭窄的空间显得宽敞，减少压迫感

 38,30,30,0

5,18,23,0

65,57,55,3

色彩延伸：

5.2.4 温暖

色彩说明： 左图空间为暖色调，米黄色搭配柔和的暖色调灯光，整体给人一种温馨、温暖的感觉

设计理念： 这是一个相对较长的走廊，安装了筒灯用于照明，镶嵌在顶棚中的筒灯能保持装饰效果的统一性

1. 暖色调的灯光搭配暖色调的配色方案给人协调、统一的视觉感受
2. 走廊尽头的装饰画既能看出主人的品位，又具有装饰作用
3. 空间中大面积使用了纯色，整体给人整洁、干净的感觉

 55,70,100,23

38,50,66,0

3,20,25,0

色彩延伸：

5.2.5 常见陈设选择

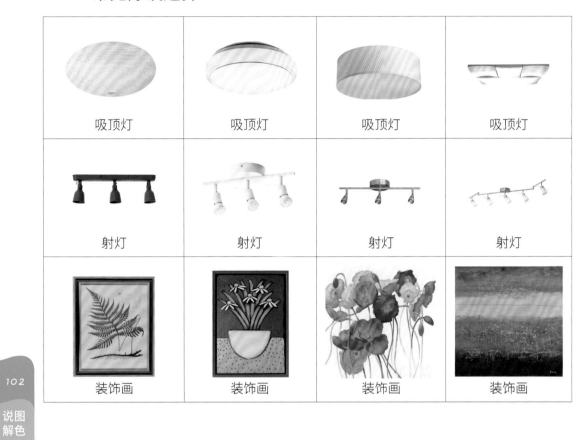

吸顶灯	吸顶灯	吸顶灯	吸顶灯
射灯	射灯	射灯	射灯
装饰画	装饰画	装饰画	装饰画

5.2.6 装修攻略——走廊装修的设计技巧

（1）走廊的长度不宜超过房屋的三分之二。

（2）走廊的吊灯可以做成假顶棚以避免横梁带来的困扰，减少压抑感。

（3）走廊装修要保证照明，但应避免五颜六色的灯光，最好是采用柔和、明亮的灯光。

（4）走廊的前面是很好的展示墙，可以挂一些装饰画、相片等。

（5）走廊的地面材料没有特定的要求，可以选择与整体设计风格相呼应的材料，在搭配的基础上应该考虑防滑这一功能。

说图解色

——住宅空间色彩搭配解剖书

5.2.7 色彩搭配实例

双色搭配	三色搭配	四色搭配

5.2.8 佳作欣赏

5.3 阳台、阳光房色彩搭配

阳台

　　阳台是指具有永久性上盖、维护结构及台面，与房屋相连的房屋附属设施，是业主呼吸新鲜空气、晾晒衣物、摆放盆栽的场所。

　　在以前，人们通常将阳台等同于晾衣间或杂物间，随着经济和生活环境的改善，人们对环境的要求越来越高，阳台已转变成为一个人们接触阳光、呼吸自然、享受生活的特殊空间，所以在阳台设计时要兼具实用与美观的双重原则。

阳光房

　　阳光房也称为玻璃房，阳光房是采用玻璃与金属或木质框架搭建的全透明非传统建筑，以达到享受阳光、亲近自然的目的。阳光房一般从阳台或露台变化而来，也有在室外加盖的。如果是由阳台或露台变化而来的阳光房，在外观上要与整体建筑风格相互协调，同时内在的装修风格要与整体装修风格保持一致。

5.3.1 阳台——纯净

色彩说明: 左图空间采用纯白色调,搭配生机勃勃的绿植,给人惬意、安静的感觉

设计理念: 这是一个长而窄的阳台,白色调能够减轻狭窄空间的压迫感

1. 阳台有良好的视线,凭栏远眺,可以在喧嚣的都市生活中找到一份属于自己的安静
2. 阳台采光良好,是一个特别适合养绿植的空间
3. 一杯茶,一本书,阳台是个不错的阅读空间

33,28,29,0

72,66,69,25

72,57,77,17

色彩延伸: ■■□□■ □□■□■ □□□□□

5.3.2 阳台——惬意

色彩说明: 左图空间,白色的墙面,搭配红褐色的地板,以绿植作为点缀,整个环境给人自然、清新的感觉

设计理念: 这是一个开放式的阳台,是一个与户外接触的空间,葱葱郁郁的绿植让人仿佛置身于大自然之中

1. 白色的沙发与墙壁的颜色相互映衬
2. 狭长的阳台被绿植包围环绕着,让人感觉心情舒畅
3. 因为时常会受到雨水侵蚀,所以实木的地板要考虑防腐性

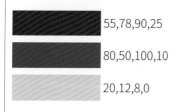

55,78,90,25

80,50,100,10

20,12,8,0

色彩延伸: ■□□■■ ■□□■□ ■□□□□

5.3.3 阳光房——自然

色彩说明： 黄色的实木承重立柱和横梁，犹如森林中的大树，给人结实、厚重的感觉。再搭配茂盛的植物，营造了悠然自得的气氛

设计理念： 这个阳光房不仅是一家人喝茶聊天的地方，也是一个不错的会客场所

1. 实木制的承重立柱和横梁有着良好的承重能力
2. 被绿植环绕包围的阳光，让人在现代与田园之间随心切换
3. 植物墙颜色搭配井然有序，给人一种置身田园的感觉

73,65,70,25

35,50,78,0

72,37,100,1

色彩延伸：

5.3.4 阳光房——舒适

色彩说明： 左图空间采用中明度色彩基调，整体色调偏灰，给人文静、温和的感觉

设计理念： 阳光房以黑色框架作为主色调，给人结实、可靠的视觉感受

1. 主人将阳光房作为儿童的游戏空间，既能够为孩子提供一个宽敞的空间，也能让孩子体验在户外活动的乐趣
2. 柔软的地毯给人温暖的感觉，也让孩子有一个安全的游戏空间
3. 倾斜的阳光房屋顶有利于排水，能够避免漏水的问题

60,55,55,2

87,85,85,73

20,40,40,0

色彩延伸：

5.3.5 常见陈设选择

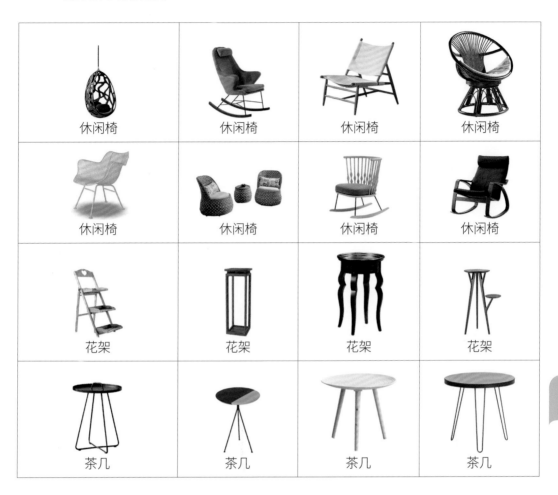

休闲椅	休闲椅	休闲椅	休闲椅
休闲椅	休闲椅	休闲椅	休闲椅
花架	花架	花架	花架
茶几	茶几	茶几	茶几

5.3.6 装修攻略——阳台、阳光房植物的选择

很多人喜欢将阳台、阳光房打造成私家小花园，在植物选择上可以选择喜湿、喜热类的植物，因为阳台、阳光房的日照时间比较长，而且阳光房的密封性能通常比较好，可以根据这个特点来选择植物。不仅如此，面积大小也会影响植物的选择与布置效果，若面积较小，可以选择种植一些精致的多肉植物，若面积够大则可以选择一些多年生草本植物或爬藤类植物。

5.3.7 色彩搭配实例

双色搭配	三色搭配	四色搭配

5.3.8 佳作欣赏

说图
解色

——
住宅空间色彩搭配解剖书

5.4 其他空间色彩搭配

　　住宅中除了卧室、客厅、餐厅、厨房、卫生间等基本空间外，还会有其他空间，例如衣帽间、储酒室、洗衣间、健身室等，这些不同的空间分布的位置不同，起到的功能不同，装修设计时需要考虑的要求也是不同的。

1. 根据业主的生活习惯、喜好而设计

　　每个人的喜好是不同的，但是室内空间则是有限的，例如业主喜好品酒，有空间条件的话可以安排一个储酒室。

2. 装修风格的统一性

　　虽然不同空间的用途是不一样的，但是为了整体装修效果的协调统一，在装修时要保持统一的装修风格。

3. 色彩协调性

　　色彩是设计的第一视觉要素，是人对室内环境的第一印象，不同的空间因为功能、位置等因素，所选的色彩也不尽相同，这时所选的色调就要与整体环境色调相协调，达到和谐统一的目的。

5.4.1 衣帽间

色彩说明： 左图空间采用低明度的色彩基调，黑色与咖啡色的搭配给人深沉、老练的视觉印象

设计理念： U形的衣帽间设计能够最大限度地利用空间，并提供了充裕的更衣空间

1. 深色系的衣帽间有一种置身于名品店的感觉
2. 多层次的灯光提供了良好的照明环境
3. 衣柜樘板分割合理既能储存更多衣物，还能避免衣物杂乱无章

48,55,60,1

16,12,11,0

70,75,85,50

色彩延伸：

住宅空间色彩搭配解剖书

5.4.2 储酒室

色彩说明： 左图空间属于中明度色彩基调，同时属于暖色调。红色的桌子颜色十分抢眼，为空间增添了一抹亮色

设计理念： 通常储酒室位于地下室，因为这里比较安静，并且没有阳光直射，能够让收藏的酒品有一个恒温、恒湿、稳定的环境

1. 专业的储酒架能够整齐存放多个酒品
2. 文化石材料的墙面给人质朴、原始的美感
3. 柔和的光线营造了温暖的氛围，打破了狭小空间的压抑之感

55,58,69,5

55,82,100,34

8,97,98,0

色彩延伸：

5.4.3 洗衣房

色彩说明： 左图空间采用高明度色彩基调，整体采用柔和的米白色，给人的第一感觉是干净、卫生

设计理念： 独立的洗衣房既有洗衣服、晾衣服的功能，还具备储物、熨衣等功能，在室内增设洗衣房还能够保证其他空间的整洁

1. 墙面的颜色与地面的颜色属于同类色，两种颜色对比弱，给人温和的视觉感受
2. 洗衣房要注重采光与通风，以避免潮湿带来的异味与细菌
3. 米白色的储物柜给人温和、温柔的感觉

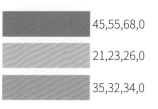

45,55,68,0

21,23,26,0

35,32,34,0

色彩延伸：

5.4.4 健身室

色彩说明： 左图空间整体采用咖啡色调，实木材质的顶棚和地面给人力量感与稳重感

设计理念： 这是一间比较宽敞的私人健身室，宽大的落地窗方便业主在健身时欣赏窗外的风景

1. 水泥地面耐脏并且耐磨
2. L形的灯带给人简洁、有力的视觉感受
3. 健身室空间应该宽敞一些，除了健身器材之外还应预留一些空间用来做运动

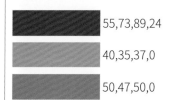

55,73,89,24

40,35,37,0

50,47,50,0

色彩延伸：

5.4.5 常见陈设选择

酒柜	酒柜	酒柜	酒柜
置物架	置物架	储物柜	储物柜
储物柜	衣柜	储物柜	储物柜

5.4.6 装修攻略——怎样治理装修污染

1. 活性炭吸附法。活性炭是公认的吸毒能手，可以除臭、去毒，优点是无化学添加剂。

2. 净化器。

3. 加强通风。增加室内空气流通可以降低室内空气中有害物质的含量。

4. 植物消除法。在室内摆放一些可以吸收甲醛的植物也能改善室内空气污染，例如吊兰、芦荟、虎尾兰等。

5.4.7 色彩搭配实例

双色搭配	三色搭配	四色搭配

5.4.8 佳作欣赏

第 6 章　装饰风格与色彩搭配

　　风格设计是以不同的文化背景及不同的地域特色为依据，通过各种设计元素来营造一种特有的装饰风格。不同的装饰风格有着不同的特点，同时又有明显的规律性和时代性。装修从风格上分类，可大致分为：现代风格、简欧风格、中式风格、日式风格、美式风格、地中海风格、东南亚风格、田园风格、北欧风格、工业风格、极简风格和复古风格等。

6.1 现代风格的色彩搭配

　　现代风格是当前较为流行的装修风格，在形式上追求时尚与潮流，在功能上从实用角度出发，在色彩上强调纯净与简洁。现代风格比较受现代年轻人的追捧，因为现代风格追求的是个性与创造性，而非高档与豪华。对于忙碌一天的年轻人而言，他们更喜欢用安静、舒适、明亮、宽敞的家来消除工作的疲惫，忘却都市的喧嚣。

6.1.1 现代风格——精致

色彩说明： 左图空间为中明度色彩基调，良好的采光拉高场域高度。在这个空间中摒弃了花哨多彩的色调，灰色的凳子和红褐色的地毯成为空间的亮点

设计理念： 这是一个半封闭的餐厅设计，不仅让功能区的连接更为紧密，光线与空气也可以直达整个空间

1. 现代风格的空间设计追求的不是奢华，而是为生活增添情调，这一特点在这个空间中显示得尤为突出
2. 墙壁上抽象风格的插画为空间带来浓厚的艺术气息
3. 餐桌的颜色与地毯的颜色属于同一色系，二者搭配在一起，使空间的格调达到了统一

	23,20,22,0
	73,65,52,8
	71,72,61,22

色彩延伸：

6.1.2 现代风格——清爽

色彩说明： 左图是一个高明度色彩基调的空间设计，其中以白色为主色调，地板的米黄色为辅助色，整体空间给人温馨、亲切的感觉

设计理念： 在这个空间中，几何线条的搭配，以及充满个性化的陈设，让原始纯粹的空间表情浮现出来，既有家的归属感，又有展现个性的一面

1. 白色调的空间给人优雅、纯洁之感
2. 绿色植物为空间增添了自然情趣
3. 电视柜的黑色与空间的白色形成对比，使空间的颜色富有层次，但是由于黑色的使用面积很小，搭配效果不突兀，非常协调

	14,11,9,0
	25,34,33,0
	68,66,67,21

色彩延伸：

6.1.3 现代风格中常见的要素

磨砂玻璃	**瓷砖**	**石膏板**
常用于需要隐蔽的浴室、房间的门窗及隔断	经久耐磨，不易受损，花样繁多，应用范围广泛	具有生产能耗低、质轻、隔热、装饰功能好、便于施工等特点，常用于建筑物的内隔墙、墙体覆面板、天花板、吸音板、地面基层板和各种装饰板等
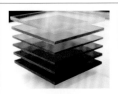		
亚克力	**清水混凝土**	**大理石**
韧性好、复性强、质地柔和，可以应用在隔断、屏风、移门、透明墙中	表面平整光滑、色泽均匀、棱角分明、无碰损和污染，只是在表面涂一层或两层透明的保护剂，显得十分天然、庄重	大理石有美丽的颜色、纹理，较高的抗压强度和良好的物理化学性能，其资源分布广泛，易于加工

6.1.4 装修攻略——现代装饰风格的空间构成

现代风格装修追求的是空间的灵活性及实用性，在设计上要根据空间相互的功能关系而进行渗透，让空间的利用率达到最高。划分空间的途径不一定局限于硬质墙体，可以通过家具、陈列品、吊顶、地面材料甚至可以根据灯光的变换来进行划分，充分体现设计的兼容性、流动性及灵活性。

6.1.5 色彩搭配实例

双色搭配	三色搭配	四色搭配
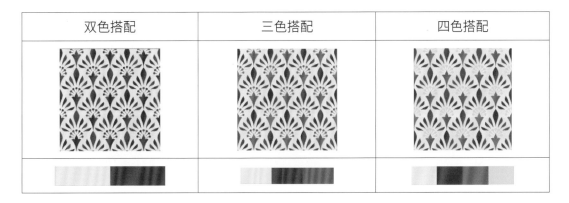		

6.1.6 佳作欣赏

说图
解色

——住宅空间色彩搭配解剖书

6.2 简欧风格的色彩搭配

　　简欧风格也被称为现代欧式风格，具有优雅、和谐、舒适、浪漫的特点。简欧风格保留了欧式的尊贵与精致，同时又摒弃了过于复杂的肌理和装饰，简化了线条，但仍然能够从设计中感受到历史痕迹与浑厚的文化底蕴。简欧风格通常以象牙白为主色调，以浅色为主，以深色为辅。在装饰上会选择大理石地砖、厚实的地毯、华丽的织物、水晶吊灯以及带有曲线的家具等。

6.2.1 简欧风格——轻奢

	**色彩说明：** 左图空间采用冷色调，青色与蓝色应用在欧式风格中给人清新、素雅之感
	设计理念： 该空间将传统的欧式风格进行简化，将奢华变得内敛，但是带有复古花纹的窗帘、水晶吊灯将空间点缀得高雅、浪漫
	1. 该空间以材质和细节取胜，给人一种细腻、高品质的心理感受 2. 冷色调的配色方案营造了纯净的睡眠空间 3. 暖色调的灯光柔和了空间的气氛，为空间增添了温馨之感

56,30,18,0		
58,0,24,0		
28,34,47,0		

色彩延伸：

6.2.2 简欧风格——优雅

	**色彩说明：** 左图空间以白色为主色调，整体给人轻盈、纯净的感觉。地毯与空间中的墙面、吊灯浑然一体，相辅相成
	设计理念： 该空间将复杂的古典欧式元素进行凝练，将现代和古典的特点相结合，墙面及吊顶的精致造型给人华贵的印象，而现代风格的沙发则为空间增添了家居的平淡和宁静
	1. 墙面和吊顶的造型完美保留了欧式风格的特点 2. 圆形吊顶和简欧风格的装饰相得益彰 3. 白色调的空间干净、清爽，轻松打造了一个完美的雅居空间

73,74,82,52	
35,33,35,0	
20,13,13,0	

色彩延伸：

6.2.3 简欧风格中常见的要素

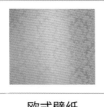		
欧式壁纸 带有传统欧式的纹理，多以香槟金、深褐色为主色调，具有高贵、典雅的气质	**暖色大理石** 欧式风格多以金黄色为主色调，暖色大理石可以烘托气氛，迎合设计风格	**造型石膏板** 欧式风格多采用曲线造型，带有造型的石膏板可以让空间细节变得更加丰富
地毯 地毯具有质地柔软、脚感舒适等特点	**真皮** 真皮具有滑爽、柔软、丰满、具有弹性等特点，经常用在沙发、床头等家具上	**大理石地砖** 大理石地砖带有独特的机理，经久耐用。还可以进行拼花，制作出丰富的装饰效果

6.2.4 装修攻略——水晶吊灯的选择

水晶吊灯造型独特、华丽，有很高的审美价值，也是欧式风格的象征。在选择水晶吊灯时要注意以下几点。

1. 安全第一

因为水晶吊灯比一般灯饰重，设计时要核算荷载，安装时要小心谨慎。

2. 搭配得体

灯具的色彩、造型、式样必须与室内装修和家具的风格相称，彼此呼应。

3. 尺寸得当

灯具的尺寸、类型和数量要与居室空间大小、室内高度、房间性质用途等条件相协调。

6.2.5 色彩搭配实例

双色搭配	三色搭配	多色搭配

6.2.6 佳作欣赏

6.3 中式风格的色彩搭配

近些年来，在建筑和室内设计中，越来越多的人开始热衷于中式设计。中式装修，一般都是指中国传统风格的装修。中式风格具有庄重和优雅的双重品质，例如北京故宫的富丽堂皇，将皇家威严演义得淋漓尽致，而江南私家林园则婉约浪漫。中式风格讲究对称式的布局，多采用木材、布艺，通常以白色为主色调，以灰色或红褐色、黄褐色为辅助色。不过，有些传统的中式家居欠缺舒适性，所以还需不断地进行创新，以符合现代人的生活习惯。

6.3.1 中式风格——雅致

	**色彩说明：** 左图空间以白色搭配深褐色，大面积的白色冲淡了深褐色的压抑感，让整个空间显得幽静、雅观，充满禅意
	设计理念： 在这间卧室中，大幅的国画提升了整个空间的格调，实木的家具造型简朴优美。设计风格传统中透着现代，现代中揉着古典，形成了全新的新中式风格

1. 靠背椅也是传统的中式家具，非常适合这个空间
2. 深色调的空间能平复人的情绪，给人提供安静的休息空间
3. 木质的家具带有自然的纹理，有着自然、朴实的质感

16,17,21,0	
73,82,91,85	 
36,48,71,0	

色彩延伸：

6.3.2 中式风格——华丽

	**色彩说明：** 左图空间为低明度色彩基调，深沉的大地色调给人一种稳重、沉着的视觉感受
	设计理念： 在这个角落中，中式的屏风是一大亮点，也同时奠定了空间风格，营造了端庄、优雅的氛围

1. 浅色的沙发有提高室内亮度和减轻中式风格沉重颜色重量的作用
2. 中式风格不仅用料讲究，在细部的雕刻和材料上更是精益求精
3. 沙发的选用，在颜色、款式和图案上都尽量选择中式特点，这样才能融入空间的氛围

76,76,70,45	
40,50,70,0	 
35,35,40,0	

色彩延伸：

6.3.3 中式风格中常见的要素

深色釉面木地板 地板在颜色上与整体的中式氛围相融合	**深褐色家具** 深褐色的家具能够营造一种沉稳、庄重的气氛	**青砖饰面** 传统的青砖饰面能够让人联想到中式建筑

装饰地毯 带有中式花纹的地毯既能够提升舒适度，又能烘托室内气氛	**亚麻窗帘** 素色的亚麻窗帘材质天然，颜色古朴大方，韵味独特	**镂空雕花装饰** 精美的镂空雕花装饰带有中国传统文化神韵，是很好的装饰元素

6.3.4 装修攻略——中式灯具的选择

　　古典元素可以让现代家居显得更具生命力。选择一款合适的灯具也关乎着设计的成败。在灯具的选择上，如果是传统的中式风格可以选择仿古灯具，如果是较为现代的中式风格，可以选择具有现代感的新中式风格灯具。

仿古灯具	新中式灯具

第 6 章　装饰风格与色彩搭配

6.3.5 色彩搭配实例

双色搭配	三色搭配	四色搭配

6.3.6 佳作欣赏

说图
解色

——住宅空间色彩搭配解剖书

6.4 日式风格的色彩搭配

　　日式风格分为传统日式风格和现代日式风格。传统日式风格通常将自然界的材质大量运用于居室的装修、装饰中，其特点是质朴、淡雅、充满禅意。现代日式风格同时具有现代和传统双重特点，它一方面保留了质朴、淡雅、节制的特性，又具现代舒适、安逸的感觉。日式风格通常以原木颜色作为空间的主色调，这种暖色调给人亲切、温馨的心理感受。

6.4.1 日式风格——传统

色彩说明： 传统日式风格的颜色淡雅、简洁，来自于自然。左图空间以黄褐色为主色调，通过光影的变化来丰富室内颜色层次

设计理念： 该空间中没有过多的装饰，木格拉门，半透明樟子纸和榻榻米木板地台为其风格特征

1. 该空间颜色淡雅节制，充满了禅意，融入了东方美学
2. 空间中虽然没有多余的装饰，但是非常注重实用性，尊重房间主人的生活习惯
3. 该空间借用外在自然景色，为室内带来无限生机

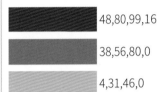

48,80,99,16

38,56,80,0

4,31,46,0

色彩延伸：

6.4.2 日式风格——素雅

色彩说明： 左图空间以米黄色为主色调，它与白色的搭配给人一种素雅、质朴的感觉

设计理念： 该空间以原木作为点缀，带有纹理的原木营造出闲适写意、悠然自得的生活境界，补偿了都市人心中那种怀旧、思想、回归自然的情绪

1. 白色的墙壁、米黄色的地面和深色的地毯让空间变得有层次感，避免了空间颜色的乏味与单调
2. 高明度的配色方案给人清新自然、简洁淡雅的感觉
3. 良好的采光让空间变得通透

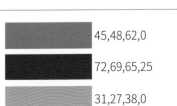

45,48,62,0

72,69,65,25

31,27,38,0

色彩延伸：

说图
解色

住宅空间色彩搭配解剖书

6.4.3 日式风格中常见的要素

蒲团	**浅色木地板**	**木格栅**
蒲草编织而成的圆形、扁平的坐垫，兼具实用和装饰功能	浅色木地板是现代日式风格中常用的材料之一。浅色木地板颜色温和，方便清理	木格栅带有透光性，能够使空间层次分明，立体增强感强

浅色原木	**日式门帘**	**格子门**
浅色原木通常应用在家具、地板或吊顶中，能够很好营造自然、朴实的气氛	日式门帘具有遮光、挡风、御寒等作用，其花样繁多，同时，也是很好的门庭装饰物	有些传统的格子门会糊上纸或牡蛎壳片，而近现代有些格子门的格眼以玻璃覆盖，也有些以化学纤维代替纸张作为覆盖

6.4.4 装修攻略——榻榻米的优点与缺点

榻榻米旧称"叠席"，是供人坐或卧的一种家居用品，随着日式风格的兴起，榻榻米也越来越受人追捧。

优点

榻榻米使用起来非常灵活，可安装升降桌方便生活使用，其地台有时可做成中空的，可以用来储物。

缺点

榻榻米需要注意清洁打理，以免发霉长虫。

6.4.5 色彩搭配实例

双色搭配	三色搭配	四色搭配
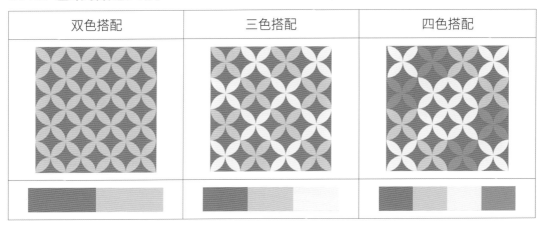		

6.4.6 佳作欣赏

6.5 美式风格的色彩搭配

    美式风格在某种程度上是众多的元素集合，摒弃了过多的烦琐与雕琢，追求舒适与浪漫，充满了对生活的享受意味。

6.5.1 美式风格——舒适

色彩说明： 左图空间以柔和的米白色为基底色，营造出清爽的场域氛围，用紫色调体现出细腻、典雅气质

设计理念： 美式风格特别善于运用地毯装点空间，在这个空间中，带有曲线图案的地毯塑造了富含趣味的迎宾意象

1. 暖暖的阳光透过明亮的大窗户洒落进来，让光线成了"奢侈"的装饰品
2. 高明度的色彩搭配营造出了清新、温柔、休闲的居住氛围
3. 带有现代气息的水晶吊灯，除了用来照明，还具有美化空间机能，起到画龙点睛效果

 20,20,23,0

56,56,41,0

76,94,65,51

色彩延伸：

6.5.2 美式风格——乡村

色彩说明： 左图空间以黄褐色作为主色调，中明度的色彩基调有着沉稳、内敛的性格

设计理念： 该空间较为开阔，整体效果简洁硬朗，线条简单、体积粗犷，展现了朴实、天然的美式风格

1. 黑色的铁艺吊灯和软凳相互呼应
2. 空间以绿植为点缀，质朴又不失活泼
3. 该空间运用布艺、铁艺等元素营造出悠闲、舒畅、自然的环境

 29,28,35,0

56,57,82,1

48,47,74,1

色彩延伸：

6.5.3 美式风格中常见的要素

花岗岩 花岗岩颜色美观，硬度高、耐磨损	**百叶窗** 具有造型美观、遮阳、通风、使用灵活等特点	**地毯** 地毯可以美化环境、点亮空间、提高空间舒适度
	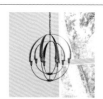	
枫木 木质强度适中，细腻紧密、纹理均匀、抛光性佳，常应用在家具和地面中	**铁艺** 铁艺具有特点鲜明、风格质朴、经济实用的特点，在现代装饰中占有一席之地	**乳胶漆** 乳胶漆具有易于涂刷、干燥迅速、漆膜耐水、耐擦洗性好、色彩丰富等特点

6.5.4 装修攻略——美式风格中的复古情结

美式装饰风格有时会大量运用复古元素，高大、厚重的外形，细腻、精致的细节，原始、自然、纯朴的色彩，或者刻意添上仿古的痕迹和虫蛀的细节，都展现了原始粗犷的美式风格。

6.5.5 色彩搭配实例

双色搭配	三色搭配	多色搭配

6.5.6 佳作欣赏

6.6 地中海风格的色彩搭配

  地中海风格的装修设计以其极具亲和力的风情和轻快鲜明的色调被很多人喜爱。最经典的配色就是白与蓝的搭配,白色象征沙滩,蓝色象征着蓝天与大海,两种颜色搭配在一起给人以明快、清爽、纯美自然的感觉。

6.6.1 地中海风格——宁静

色彩说明： 左图空间以白色为主色调，以青色为点缀色，二者搭配在一起显得清澈无瑕，诠释人们对碧海蓝天的无尽渴望

设计理念： 该空间宽敞、明亮，敞开的门增加了室、内外的流动性，同时也让空间有了良好的采光。木质的茶几、门以及装饰让空间有了更多的自然元素

1. 虽然空间没有很明显的海洋元素，但是通过配色显示出独特的地中海风情
2. 白色的沙发搭配蓝色的抱枕，通过这种灵活软装饰营造出清新、宁清的氛围
3. 摩洛哥风格灯饰特色与创意兼备，也是空间的亮点所在

 16,10,12,0

 52,19,2,0

 97,84,14,0

色彩延伸：

6.6.2 地中海风格——优雅

色彩说明： 左图空间抛弃"亮蓝+纯白"的色调，而是使用更温柔与质朴的大地色系，让空间更具亲和力

设计理念： 圆拱形的造型有着庄严气派的感觉，同时也具有浓厚的异域风情

1. 空间线条流畅，自然的取材，让空间有着朴实的美感
2. 一深一浅的色泽差异也使得空间更具层次感
3. 家具的选择上，大多选择一些做旧风格，搭配自然饰品，给人一种久经"风吹日晒"的感觉

 50,65,67,6

 23,25,27,0

 65,85,90,55

色彩延伸：

6.6.3 地中海风格中常见的要素

	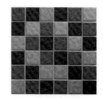	
白色砖墙 白色的砖墙设计淡雅温和，可以营造安静的家居环境	**蓝白马赛克砖** 蓝色马赛克砖颜色清新，让人联想到湛蓝的海水，常用在厨房、卫生间中	**条纹壁纸** 蓝白相间的壁纸对比鲜艳，视觉效果清新活泼，非常适合地中海装饰风格

暖色瓷砖 暖色瓷砖能够让人联想到被海风吹掠经年的粗糙灰泥墙和沙滩，带有一种厚重、苍凉之感	**拱门、半拱门、马蹄状的门窗** 具有延伸感和透视感，带有浪漫气息	**风扇吊灯** 风扇吊灯外观漂亮，配有不同颜色不同款式的扇叶和灯饰，具有照明、降温、装饰等功能

6.6.4 装修攻略——地中海风格装饰的选择

在选择装饰物上要根据房间的风格和色调进行选择，地中海风格的装饰最好是以自然的元素为主，例如原木、藤等，还可以加入一些红瓦和窑制品，带有一种古朴的味道。

6.6.5 色彩搭配实例

双色搭配	三色搭配	多色搭配

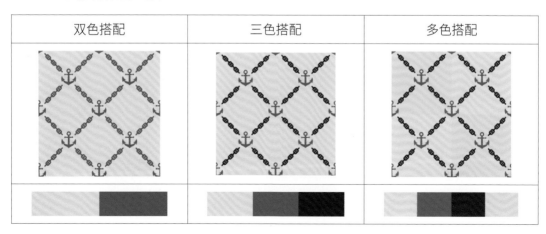

6.6.6 佳作欣赏

说图解色

——住宅空间色彩搭配解剖书

6.7 东南亚风格的色彩搭配

 东南亚风格起源于热带雨林地区，讲究就地取材、原汁原味，例如木、竹、藤、麻这类植物就被广泛应用在设计陈设中。正因如此，东南亚风格的室内设计通常多为棕色、咖啡色、褐色一类的深色系，在视觉感受上给人质朴、自然的感觉。由于东南亚地处热带，气候闷热潮湿，为了避免空间的沉闷压抑，通常会用颜色艳丽、鲜明的颜色进行点缀，以打破沉闷之感。

6.7.1 东南亚风格——朴素

色彩说明:	左图空间为中明度色彩基调,以深褐色为主色调,有着静谧雅致的美感,体现出一种浓烈的热带风情
设计理念:	整个空间多采用实木,古朴、自然的气息就这样自然地流露出来。对称式的布局有着严肃、认真的美感

1. 卧室中最为出彩的应该是具有民族范的床上用品以及风扇灯
2. 该空间中有较多的藤编物品,这也是东南亚风格的特点之一
3. 为了避免深褐色的沉闷,所以将墙壁粉刷成了白色

 50,50,60,0

 33,44,67,0

 68,79,87,55

色彩延伸:

6.7.2 东南亚风格——绚丽

色彩说明:	左图空间中的颜色艳丽,用色大胆,这是因为东南亚地处热带,气候闷热潮湿,通过这种高纯度的颜色可以冲破视觉的沉闷
设计理念:	在该空间中有很多材料取于自然,这是因为东南亚属于亚热带,有着很丰富的植物资源,所以在装修材料上常选择木材、藤、竹等,这种就地取材的方式演绎了独特的异域风情

1. 将具有民族风韵的藤编器物挂在墙上做装饰,显得很有韵味
2. 色彩浓重的绿色背景墙带用洋红色进行点缀,异域色彩瞬间"满棚"
3. 该空间应用了很多东南亚风格的图案,带有强烈的民族特点

90,60,85,30

45,100,70,7

40,75,100,5

色彩延伸:

6.7.3 东南亚风格的家居布置

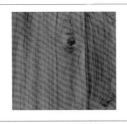		
柚木 柚木是制成木雕家具的好原材料，其木质纤维细腻，花纹美观，耐久性强	**实木吊顶** 深褐色的实木吊顶给人自然、质朴的视觉感受	**竹木编织物** 本地常见材料制成的编织物可以起到分割空间、装饰点缀等作用

泰式图案 泰式图案变化丰富，极具东方特色	**藤编家具** 藤编家具是很有自然风味的一种材质家具，轻巧大方、朴实自然	**木格栅** 木格栅美观大方、透气性良好，能够让空间精美雅致，充满禅意

6.7.4 装修攻略——如何挑选东南亚风情饰品

东南亚风格装饰带有很强的地域性，可以选择一些跟自然有关的饰品，例如选择藤、海草、椰子壳、贝壳、树皮等制品，或者雕花工艺品、铜质或镀金的小佛像等。

6.7.5 色彩搭配实例

双色搭配	三色搭配	多色搭配

6.7.6 佳作欣赏

6.8 田园风格的色彩搭配

田园风格倡导"自然"与"质朴",利用舒缓的线条、明快的色彩让家的感觉更温暖柔和。在室内装饰中力求表现出悠闲、舒畅、自然的田园生活情趣,也常运用天然木、石、藤、竹等材质质朴的纹理,巧设于室内,创造出自然、简朴、高雅的氛围。主色调通常会选择绿色、褐色这类与自然相关的色调。

6.8.1 田园风格——自然

色彩说明： 左图空间以绿色为主色调，以白色为辅助色，以粉红色为点缀色，这种颜色搭配让空间有着回归自然的亲切感

设计理念： 田园风格崇尚自然，整个空间被碎花图案紧紧包围，在绿色的衬托下显得灵动、欢快、甜美

1. 碎花图案的壁纸体现了悠闲、舒畅、自然的田园生活情趣
2. 暗绿色的抽屉柜与整个空间的色调相呼应，还丰富了空间的颜色，更具层次感
3. 餐厅背景墙挂上了相框，给业主留出了专属自己的情感空间，记录生活中美好的点滴

50,40,80,0

75,65,80,40

20,20,30,0

色彩延伸：

6.8.2 田园风格——朴实

色彩说明： 左图空间以中性色为主色调，用黄、灰、褐色营造出大地的颜色，可以给人一种返璞归真的感觉

设计理念： 田园风格追求回归自然和轻松舒适，在这个空间中，布艺的沙发、藤编的座椅组合成了一个自然朴实、又不缺高雅气质的家

1. 温暖的大地色调营造出柔美、亲切的氛围
2. 随意点缀的绿色植物让人与自然更加亲密
3. 超大窗户让整个房间光线充沛，温暖而惬意

67,30,100,0

35,50,60,0

12,10,10,0

色彩延伸：

6.8.3 田园风格中常见的要素

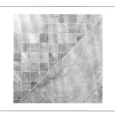	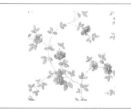	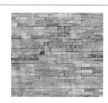
仿古瓷砖 仿古瓷砖带有岁月侵蚀的质感，同时也给人亲切、质朴的感受	**碎花壁纸** 碎花壁纸能够营造浪漫、清新的氛围	**文化石墙面** 文化石色泽纹路保持自然原始的风貌
	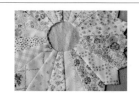	
浅色木地板 浅色地板给人干净、温和的视觉感受，例如白色、浅黄色都是很容易进行搭配的颜色	**布艺** 布艺是田园风格经常用的元素，常用在沙发、窗帘、桌布中	**藤编、草编物** 在家具选择上可以选择一些藤编家具，还可在装饰物、收纳物等日常用品上选择这类与自然相关的物品

6.8.4 装修攻略——碎花壁纸的选择

在田园装饰风格中通常会选用碎花壁纸，碎花壁纸具有温馨、浪漫、温婉的气息，又具有极强的颜色辨识度。如果是浪漫田园风格可以选择粉色、乳白色的碎花壁纸，如果是清新田园风可以选择绿色系的碎花壁纸，如果是乡村田园风可以选择稍深颜色的碎花壁纸。

6.8.5 色彩搭配实例

双色搭配	三色搭配	多色搭配
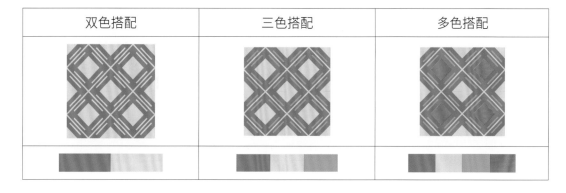		

6.8.6 佳作欣赏

6.9 北欧风格的色彩搭配

　　北欧风格崇尚回归自然，尤其是原木韵味，精炼简洁、线条明快、造型紧凑、接近自然是北欧风格的特点。北欧风格的家具多使用松木或椿木，制作以及雕刻十分讲究。在家居色彩的搭配上会采用高明度的配色方案，常用白色作为主色调，以乳白色、米色、浅木色作为辅助色，使用鲜艳的纯色作为点缀色。空间整体可以给人干净、明朗、细腻的感觉。

6.9.1 北欧风格——文艺

色彩说明： 左图整个空间以纯净的白色调与淡青色调进行搭配，营造出柔和清爽的生活气息

设计理念： 该客厅的面积不大，所以要尽量保持简洁的设计，这样可以避免空间产生拥堵之感。北欧风格能够让空间保持简约与纯粹，从而成就舒适自在的生活空间

1. 以绿色植物作为点缀，可以感受自然生命的奥妙
2. 墙面上的装饰画通过统一的风格与色彩，避免了杂乱感
3. 蓝色的抱枕与墙壁的颜色相互映衬，让整个空间有了张力

30,17,16,0
60,40,15,0
10,30,35,0

色彩延伸：

6.9.2 北欧风格——细腻

色彩说明： 左图整个空间为高明度色彩基调，白色与浅灰色的搭配给人一种纯净、细腻的感觉

设计理念： 这是一个小客厅，面积虽然不大但具有良好的功能性，舒适柔软的沙发、精巧的茶几，无不体现出业主的生活情趣

1. 质地柔软的沙发与毛绒地毯，可以增添空间的舒适度
2. 用生机勃勃的绿色植物进行点缀，将生活气息与艺术的美感达到统一平衡
3. 在这个空间中没有过于夸张的现代装饰，也没有用绚丽的颜色进行点缀，但一切看起来都那么温馨、美好

40,35,30,0
25,30,45,0
75,65,90,40

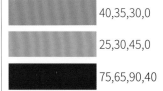

色彩延伸：

6.9.3 北欧风格中常见的要素

实木墙板 实木墙壁可以调节空气，给人自然、原始的视觉感受	**浅色地板** 白色、米色是首选颜色，可以给人干净、整洁的视觉感受	**壁炉** 通常位于房间不显眼的某个角落，不作为视觉中心，却可以点亮设计

白色砖墙 白色砖墙是北欧装饰风格常用的一种材料，砖块之间的缝隙可以呈现有别于一般墙面的光影层次	**北欧风格原木家具** 特点是简洁，造型别致，做工精细，多为纯色	**原木装饰** 木材永远在北欧风格中占据灵魂的位置，所选的木材无须过多装饰，保留原有风貌即可

6.9.4 装修攻略——北欧风格绿植的选择

北欧风格追求自然，绿植是不可缺少的元素。在绿色植物的选择上，选择范围很广泛。

琴叶榕： 树叶呈提琴形状，叶片深绿有光泽、叶脉凹陷。

无花果树： 作为常绿品种，叶片宽大，特点是耐旱、耐荫。

多肉植物： 多肉植物种类繁多，可以选择陶瓷、水泥等材质的盆器，制作成多肉微景观也很有趣。

虎皮兰： 坚挺直立，姿态刚毅，奇特有趣。

6.9.5 色彩搭配实例

双色搭配	三色搭配	多色搭配

6.9.6 佳作欣赏

6.10 工业风格的色彩搭配

　　工业风格一直是粗犷、不羁、随性的代名词，工业风格的室内设计保留了各种工业元素，例如管道、齿轮、矿灯等，在视觉上建立感官的刺激，又带着一丝时尚复古的意味。工业风格会采用中明度或低明度色彩基调，以灰色或者深灰色作为主色调，用黄褐色或红褐色作为辅助色。

6.10.1 工业风格——时尚

	色彩说明： 左图空间，黑色神秘、冷酷，亮灰色优雅、轻盈，二者搭配在一起营造出层次的变化
	设计理念： 该空间有着工业风格的粗犷风，也有着现代装饰的文艺范。水泥墙面带有沉静与现代感，让人能够享受室内的静谧与美好
	1. 合理利用黑、白、灰三色，形成了很有层次的空间感受 2. 在这样一个静谧的空间中，整个身心都得到很好的放松 3. 空间中不刻意隐藏各种管线也是工业风格的特点之一

30,25,20,0

85,80,65,40

75,70,55,15

色彩延伸：

6.10.2 工业风格——优雅

色彩说明： 左图空间采用高明度的色彩基调，白色调显得安静、优雅
设计理念： 该空间保留建筑裸露的砖墙结构和屋脊，给人一种老旧却又非常时尚的视觉感受
1. 暖色调的灯光让空间变得温馨、宁静 2. 木质的家具有着柔和的色彩，给人一种质朴的感觉 3. 在这个空间中，构造简单的床是空间的亮点，它既是寝具，又为空间增添趣味性

30,25,25,0

40,60,75,0

10,20,40,0

色彩延伸：

6.10.3 工业风格中常见的要素

清水混凝土墙面、地面 清水混凝土具有朴实无华、自然厚重的外观	**深色木地板** 因为工业风格大多会选择深色、灰色调，所以深色地板是很不错的选择	**金属家具** 金属家具给人冰冷、坚硬之感，极具时代气息，不仅如此，金属家具造型和款式也繁多，给设计带来更大的选择空间

裸露的管线 不刻意隐藏各种水电管线，而是通过位置的安排以及颜色的配合，将它转化为室内的视觉元素之一	**金属装饰** 工厂中常见金属机器，所以在室内中选择一些金属零件装饰，会给人一种粗犷、冰冷的感觉	**红砖墙** 红砖墙保留了粗糙的外观，"有温度又不失质感"

6.10.4 装修攻略——孔板推拉门打造"半透明"空间

孔板带有有规律的孔洞，可以产生通透感。这间书房因为面积较小，若做成全封闭式会产生拥堵之感，所以采用了这种孔板推拉门，提升通透感。不仅如此，孔板硬朗、冰冷的金属感也与空间整体的工业风格相呼应。

6.10.5 色彩搭配实例

双色搭配	三色搭配	多色搭配
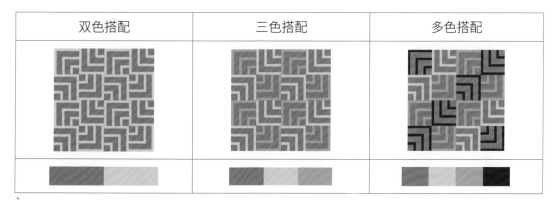		

6.10.6 佳作欣赏

6.11 极简风格的色彩搭配

  极简主义是一种追求极致简单的设计风格，无论是在空间的装饰还是颜色的搭配都"显得"十分简单。虽然极简风格追求简单，但是这并不代表缺乏设计要素，它是一种更高层次的创作境界，通过简约的表现形式来满足人们对空间环境感性、本能和理性的需求。极简风格的设计需要删繁就简、去伪存真，"运用最少的设计语言，表达出最深的设计内涵"。

6.11.1 极简风格——时尚

色彩说明： 整个空间采用纯白色调，给人轻盈、空灵、纯粹的感觉

设计理念： 该空间没有多余的装饰，只保留凝练的几何线条，给人留下非常简洁的视觉感受

1. 白色调应用在卫生间中，给人一种卫生、洁净心理感受
2. 暖色调的灯带为空间增添了一丝温度，让空间气氛变得活跃起来
3. 这个空间封闭狭小，通过色调以及照明增加空间体积

	60,55,55,0
	20,17,17,0
	15,25,50,0

色彩延伸：

6.11.2 极简风格——优雅

色彩说明： 该空间中没有过多的装饰以及色彩，白色调的设计给人干净、清爽的感觉

设计理念： 通透的玻璃窗，既满足了日常的采光，又为空间带来现代感

1. 带有曲线的灯罩和椅子减轻了空间锐利的感觉
2. 在这个场域中，家具材质统一，这也是极简风格设计的一种体现
3. 空间中一点橘黄色提升了空间的温度，像是冬天里的篝火让人感觉温暖

	45,30,30,0
	22,10,7,0
	45,40,50,0

色彩延伸：

说图解色——住宅空间色彩搭配解剖书

6.11.3 极简风格中常见的要素

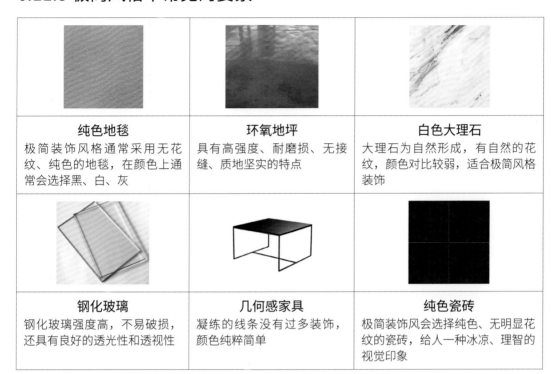

纯色地毯	环氧地坪	白色大理石
极简装饰风格通常采用无花纹、纯色的地毯，在颜色上通常会选择黑、白、灰	具有高强度、耐磨损、无接缝、质地坚实的特点	大理石为自然形成，有自然的花纹，颜色对比较弱，适合极简风格装饰
钢化玻璃	几何感家具	纯色瓷砖
钢化玻璃强度高，不易破损，还具有良好的透光性和透视性	凝练的线条没有过多装饰，颜色纯粹简单	极简装饰风会选择纯色、无明显花纹的瓷砖，给人一种冰凉、理智的视觉印象

6.11.4 装修攻略——极简风格三要素

造型： 以规则的几何形体为元素，线条多采用直线表现现代功能。

颜色： 多用黑、白、灰等中间色为基调色，通过色块来表现内涵，如用橙色等暖色调表现家居的温暖，以红、黄、蓝、绿等相对跳跃、艳丽的色彩提升感观刺激等。

材质： 用玻璃、金属材料、钢结构等来拓宽视觉感受，表现光与影的和谐。

6.11.5 色彩搭配实例

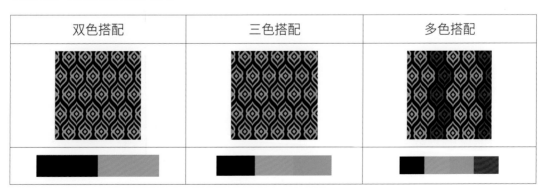

双色搭配	三色搭配	多色搭配

6.11.6 佳作欣赏

住宅空间色彩搭配解剖书

6.12 复古风格的色彩搭配

　　随着时间的流逝，无论人与物都会留下岁月的痕迹，脸上的皱纹、斑驳的漆面，都是时间的烙印。"复古"是一种情结，总是让人想起过去的人和事情，但也可让人心情平静地去展望未来。复古风格的装修都带有一些"陈旧"的味道，复古的家具、古董的摆件、残缺的漆面都仿佛在诉说着自己的故事。复古风格的装修风格通常会"混入"一些现代元素，两者搭配在一起使空间充满了个性与特色。

6.12.1 复古风格——怀旧

色彩说明： 左图空间采用中明度的色彩基调，整体给人一种忧郁、安静的感觉，再搭配上柔和的暖色光，身处于这样的空间内就仿佛"穿越"到20世纪

设计理念： 颜色不均匀的墙面，红褐色的皮质沙发，原木的茶几和书架，还有独特的装饰画使整个空间都弥漫着复古的氛围

1. 温暖的灯光使人感觉安静、舒适
2. 空间浓郁的色调努力营造复古、怀旧的感觉
3. 红褐色的皮质沙发带有磨损的痕迹，呈现出时间流逝的沧桑感

75,55,60,6

60,77,75,30

80,85,75,65

色彩延伸：

6.12.2 复古风格——浪漫

色彩说明： 左图空间采用高明度的配色方案，以黄褐色和红褐色作为辅助色，整个空间给人的感觉是浪漫、静谧的

设计理念： 该空间通过软装饰营造复古情调，布艺沙发、红砖装饰的壁炉以及带有欧式花纹的镜框，都营造了浪漫情调

1. 复古款式的沙发是整个空间的视觉重心
2. 水培的绿植美化了空间环境，也为空间添加几分自然情趣
3. 造型优美的铁艺吊灯与整个空间的氛围相吻合

45,70,60,3

15,10,7,0

32,45,70,0

色彩延伸：

6.12.3 复古风格中常见的要素

红色砖墙 红色砖墙颜色明度和纯度都不算高，给人一种温暖的感觉	**旧木背景墙** 浅褐色的旧木具有淡淡的光泽，极易营造复古气氛	**皮革** 皮革具有耐光性、防划性，且易于清洁，常应用于沙发、座椅、床头中，耐用、耐脏

复古家具 家具可以选择古董或仿古风格，带有斑驳痕迹的家具更具有复古韵味	**仿古砖** 仿古砖通过样式、颜色、图案，可以营造出怀旧的氛围	**考顿钢** 带有锈迹的金属材质，质地粗糙，颜色为红褐色调，给人一种颓废、年代久远的感觉

6.12.4 装修攻略——通过老年砖打造复古

老年砖可以是使用过的旧砖也可以是仿古做旧的砖，在室内粘贴老年砖可以营造复古的沧桑感觉，可说是一种全新的视觉感受。

6.12.5 色彩搭配实例

双色搭配	三色搭配	多色搭配

6.12.6 佳作欣赏

说图
解色

——住宅空间色彩搭配解剖书

第 7 章　空间色彩的视觉印象

我们生活在这个五彩斑斓的世界中，积累了许多视觉经验，一旦视觉经验与外界色彩刺激发生一定呼应时，会让人们的心境发生变化。在室内设计中，空间色彩是第一视觉要素，也是造价较低且方便施工的室内要素。

7.1 热情

用来表现热情的颜色应该是暖色调，红色、黄色和橙色是很好的选择。热情能够让人精神亢奋，并且能够感受到家所带来的温馨、温暖之感。

7.1.1 橙香满溢

色彩说明：左图空间采用暖色调的配色方案，以橘黄色为主色调，高饱和度的颜色给人一种温暖、热情的视觉感受

设计理念：该空间采用美式风格，带有浓郁的乡土气息，整个空间强调舒适与享受

1. 在整个空间中摒弃了过多的烦琐与奢华，给人非常亲切的感觉
2. 深色调的壁炉也使场景更加富有层次
3. 实木的门框和茶几给人一种厚重、粗犷的视觉感受

0,50,67,0

4,16,55,0

35,78,86,0

色彩延伸：

7.1.2 温醇暖意

色彩说明：左图空间采用中明度的色彩基调，暖色系的大地色调给人一种亲近、温馨的感觉

设计理念：在这个空间中，没有过多华丽、繁复的装饰，而是通过精致的家具凸显主人的品位和内涵

1. 空间中黄色的点缀色提高了空间的温度，也让空间变得更具动感
2. 深青色的凳子与黄色调的配色形成对比，让空间颜色更具层次感
3. 深色的地毯与墙面颜色属于同类色，两种颜色相互呼应

64,73,73,32

11,26,51,0

36,51,97,0

色彩延伸：

第 7 章　空间色彩的视觉印象

7.1.3 秋日暖阳

色彩说明： 左图空间采用高明度的色彩基调，白色的背景色可以提高空间的明度，姜黄色的床上用品与原木色的地板让空间的色彩变得温暖

设计理念： 该空间采用地中海装饰风格，黄褐色调让人联想到土地与沙滩，给人一种厚重、踏实又不乏温暖的感觉

1. 良好的采光加上暖色调的配色，整体给人的感觉是放松、舒适的
2. 实木家具有些古旧，让空间有了几分复古情调
3. 芦苇卷帘窗帘自然、环保，又与空间色彩协调统一

35,42,68,0

61,80,84,43

28,22,21,0

色彩延伸：

7.1.4 旧时光

色彩说明： 左图空间以砖红色为主色调，虽然颜色纯度不高，但也能让人感受到温暖、热情的气息

设计理念： 该空间采用复古装饰风格，红砖的墙面质地粗糙，给人一种粗犷、复古的感觉

1. 砖红色的墙壁与橘黄色的桌子属于类似色，二者搭配在一起显得自然、协调
2. 空间中随意的装饰混搭出个性又雅致的空间表情，将无拘无束的居家氛围进一步传达
3. 在昏黄的灯光下，沉淀出一种安静、美好的氛围，让人感觉到了生活的惬意与情调

47,70,80,10

28,53,86,0

60,70,90,30

色彩延伸：

7.1.5 常见色彩搭配

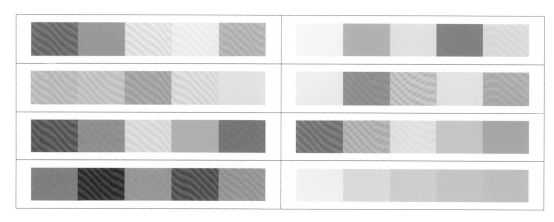

7.1.6 佳作欣赏

7.2 雅致

　　雅致的色彩印象应以和谐为主，颜色对比弱，颜色纯度低。在用色上切忌大红大紫，应多采用同类色或类似色的配色方案。

7.2.1 灰色浪漫

色彩说明：	左图空间为高明度色彩基调，灰色调的配色典雅、温和，富有生活气息
设计理念：	该空间没有过分夸张的装饰，一切以实用性和功能性出发，空间比例适度，体现了现代人的审美情趣

1. 空间颜色对比较弱，灰色的布艺沙发是整个空间的视觉重点，它与灰色的地毯搭配得当
2. 室内墙壁、地面、顶面以及陈设都采用简洁的造型
3. 墙面上安置隔板作简单的收纳展示，避免了大片空白墙造成的单调

| 50,50,44,0 |
| 32,30,40,0 |
| 20,15,23,0 |

色彩延伸：

7.2.2 都市避风港

色彩说明：	左图空间采用冷色调的配色方案，青灰色的墙面在白色的衬托下优雅、安静又有几分理性
设计理念：	这是一间空间不算大的卧室，良好的采光让空间的视觉面积增大了不少，灰色调的墙面有安抚、稳定情绪的作用

1. 该空间设计简约但又注重细节、有格调却不失温馨
2. 对称的布局给人和谐、稳定的美感
3. 布艺的床上用品质地朴实，有良好的使用感

| 57,38,36,0 |
| 20,16,14,0 |
| 35,45,50,0 |

色彩延伸：

7.2.3 守护宁静

色彩说明： 左图空间以纯白色为主色调，通过装饰品来丰富空间的颜色，几处青花瓷器将空间点缀得雅致，富有诗意

设计理念： 这是空间的一处细节展示，装饰用的壁炉线条流畅，做工细腻，形成了一道独特的风景线

1. 白色调的空间给人干净、空灵的视觉感受
2. 香槟金色的铁艺格栅兼具功能性与美观性
3. 具有中式风情的元素融于简洁线条之中，不矫揉造作，有种回归内心的宁静之美

12,7,8,0

95,90,48,15

30,27,32,0

色彩延伸：

7.2.4 雅眠

色彩说明： 温和、优雅的紫灰色给人一种优雅、温和的视觉感受，床品与墙面的颜色一致，二者相映成趣

设计理念： 这间卧室中没有采用过多的装饰，床上用品采用精致的布艺，与整体的氛围相融合

1. 良好的采光让空间显得温暖、恬淡
2. 白色与灰色的对比较弱，营造出良好的睡眠空间
3. 同色系的碎花抱枕与床品搭配得当，给人一种温柔、亲切的感觉

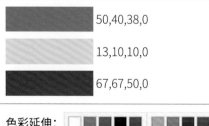

50,40,38,0

13,10,10,0

67,67,50,0

色彩延伸：

7.2.5 常见色彩搭配

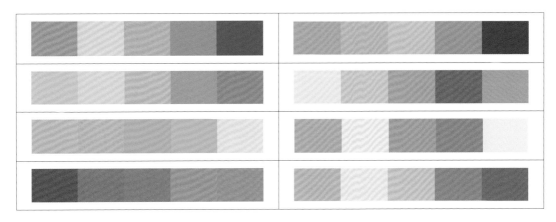

7.2.6 佳作欣赏

住宅空间色彩搭配解剖书

7.3 活泼

在室内设计中高纯度、高明度的配色会给人一种活泼、欢快的感觉，尤其是互补色或对比色的配色方案，这两种配色方案颜色对比鲜明、刺激，容易使人心情愉悦。

7.3.1 繁花物语

色彩说明： 左图空间以洋红色为主色调，以青色、红色和黄色为点缀色，色彩艳丽，让人感觉心情愉悦舒畅

设计理念： 这是一间个性化十足的客厅，墙壁上随意粘贴着主人中意的绘画作品，即是一种独特的装饰，又富有艺术情趣

1. 该空间充满女性色彩，洋红色调的配色颜色鲜艳、明快
2. 多彩的抱枕以小博大，具有画龙点睛的作用
3. 空间将绘画艺术溶于生活，这样也能为创作激发灵感

 0,85,0,45

 0,95,82,0

 70,2,2,0

色彩延伸：

7.3.2 童年记忆

色彩说明： 这是一间儿童房，白色的空间中搭配颜色纯度较高的软装，整体给人一种活泼、童真的感觉

设计理念： 在这个空间中，儿童床设计的很有特点，上一层用来睡觉，下一层则用来娱乐，这样的设计有利于孩子观察、思考与游戏

1. 该空间色彩丰富多彩、活泼新鲜、简洁明快，具有童话式的意境
2. 蓝色的床上用品与橘黄色的床形成鲜明的对比
3. 符合孩子情趣的装饰品有利于孩子成长与学习

0,65,80,0

80,55,20,0

33,90,33,0

色彩延伸：

7.3.3 午夜烟花

色彩说明： 左图空间以孔雀蓝为主色调，同类色的配色方案给人协调、舒适的美感，在白色背景色的衬托下给人留下惊艳的视觉感受

设计理念： 这是一间多元化的客厅，壁炉可以丰富空间的视觉元素，两侧的书架合理地利用了有限的空间，丰富的装饰画和植物让空间变得活泼灵动

1. 大面积的白色使空间看起来宽敞、明亮，没有拥堵之感
2. 青色的插画与空间主色调为同类色，搭配在一起自然、协调
3. 绸缎质感的孔雀蓝抱枕无论从材质还是颜色都让人感觉很是惊艳

70,10,0,0

100,87,40,4

56,0,10,0

色彩延伸：

7.3.4 春晓

色彩说明： 左图空间采用高明度的色彩搭配，白色空间展现开阔、舒朗的视觉印象，几件颜色鲜艳的家具给人一种活泼、童真的视觉感受

设计理念： 该空间场域开阔，良好的采光让光影流动，复古风格的沙发搭配做旧的地面砖给人一种怀旧的感觉

1. 白色调的背景色能够提高光线在空间内的延展性
2. 裸露的电线与灯泡让人联想到工业风格
3. 做旧的地面砖颜色深沉，给人一种"接地气"的感觉

28,0,87,0

10,87,37,0

60,0,30,0

色彩延伸：

7.3.5 常见色彩搭配

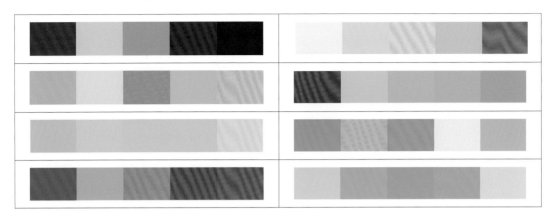

7.3.6 佳作欣赏

7.4 简洁

简洁的视觉印象一方面来自于颜色，另一方面来自于装饰，通常白色、浅茶色、浅粉色等较为浅淡的颜色容易给人留下简洁的视觉印象，尤其是大面积白色的运用更能突出简洁的主题。

7.4.1 日光倾城

色彩说明： 左图空间采用纯白色调，大面积的白色给人恬静、简洁的视觉感受。同时大面积的白色搭配上少量的黑色可以形成鲜明的对比效果

设计理念： 这是一间女性卧室，复古风格的柜子搭配现代风格的床上用品，相互碰撞出强烈的视觉美感

1. 纯白色调的配色显得空间十分宽敞、明亮
2. 铁艺床头带有曲线的花纹尽显优雅之态
3. 碎花的地面颜色淡雅，既能丰富空间的层次感，又没有喧宾夺主的感觉

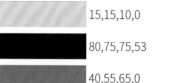

15,15,10,0

80,75,75,53

40,55,65,0

色彩延伸：

7.4.2 慢生活

色彩说明： 左图空间大面积运用了白色调，搭配棕色布艺沙发、木质茶几，以及纯色地毯，让整个空间显得简洁而舒适，使优雅气息在空间中流动

设计理念： 该空间场域开阔，裸露的原始木质结构屋脊，形成了丰富的视觉层次

1. 客厅与屋外的院落相连，繁茂的绿色植物和充沛的阳光让室内显得自然又活力
2. 棕色与白色之间的颜色对比较弱，给人一种舒适放松的心里感受
3. 棕色的地毯为空间注入了温暖

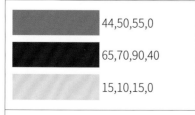

44,50,55,0

65,70,90,40

15,10,15,0

色彩延伸：

说图
解色

——住宅空间色彩搭配解剖书

7.4.3 几何空间

色彩说明: 左图空间以白色作为主色调，小面积的黑色作为辅助色，两种颜色在明度上形成了鲜明的对比效果，给人一种干练、简约的视觉感受

设计理念: 在该空间中客厅与厨房相邻，考虑到光的延展性所以采用玻璃隔断。隔断的造型是通过屋脊的形状勾勒出锐利的几何线条，给人留下简洁有力的视觉印象

1. 空间将自然、空间、光线和质感结合在一起，给人以纯粹的美感
2. 黑色的几何形状既能保证空间的连贯性，又能够保证空间的美观性
3. 空间中适度添加了布艺质感，塑造了轻浅明亮的氛围

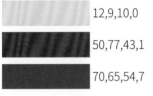

12,9,10,0

50,77,43,1

70,65,54,7

色彩延伸:

7.4.4 一米阳光

色彩说明: 左图空间以白色搭配浅灰色，两种高明度的颜色搭配在一起给人明亮、通透的视觉感受。黄色的操作台和餐桌椅提高了空间的明度，也是空间亮点所在

设计理念: 该空间场域开阔，水泥地面给人一种"轻工业"风格的感受。厨房与餐厅相连，让空间更具连贯性，也使得空间更加宽敞

1. 简洁的跳跃风格互相融合，带来极具冲撞的视觉感受
2. 铁艺、做旧、实木、工业，都沉淀于这个空间之中
3. 利用操作台和桌面的相同材质串联了两个空间，塑造出整体感

33,30,33,0

45,60,76,2

11,28,85,0

色彩延伸:

7.4.5 常见色彩搭配

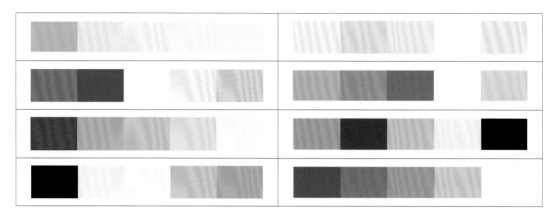

7.4.6 佳作欣赏

说图
解色

——住宅空间色彩搭配解剖书

7.5 华丽

华丽有着华美、绚丽的含义，在视觉印象中华丽可以通过金色、银色这类带有光泽感的颜色来表现，在设计风格上首选是欧式风格，现代风格中也可添加一些华丽的元素。

7.5.1 奢华殿堂

色彩说明： 左图空间以白色为主色调，纯白的大理石色泽温润，搭配上描金与雕花，整体给人一种奢华、古典、浪漫的心理感受

设计理念： 在该空间中烦琐的线条描金、雕花与壁画共同勾画了浓厚的欧式古典风格

1. 现代风格的床与欧式的装修形成鲜明的对比，现代与古典的交融形成别样的视觉感受
2. 烦琐的雕花精美而华丽，让空间艺术性与美观性并存
3. 对称式的布局让空间气势恢宏，尽显贵族风范

53,44,43,0

74,44,20,0

47,57,97,3

色彩延伸：

7.5.2 理想城

色彩说明： 左图空间采用统一的金色调，通过金属、绸缎的材质让空间有着淡淡的光晕，给人一种华丽、典雅、浪漫的感觉

设计理念： 该空间以欧式风格为主，现代风格为辅，既有欧式风格的华丽与浪漫，又有现代风格的精致与温馨

1. 空间中大量运用了绸缎材质，绸缎材质给人奢华、精致、细腻的感觉
2. 丝绒地毯、高级家私都透露着主人对生活品质的精致追求
3. 对称的布局方式体现了空间的古典与大气

50,55,62,1

23,23,30,0

45,50,68,0

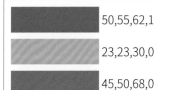

色彩延伸：

7.5.3 金属王国

色彩说明： 左图空间以大面积的深灰色调搭配古铜金色，二者搭配让空间富有层次感，给人一种冷酷、华丽的视觉感受

设计理念： 深色调运用在室内设计中容易让人感觉冰冷、冷酷的感觉，金色的家具为空间增添了温度

1. 金属质感的家具给人严肃庄重的美感
2. 兽皮绒毯和长绒地毯可以提升空间的温度，增加空间的亲切感
3. 现代风的床头凳兼具美观与实用性，也是空间的一大亮点

 28,37,68,0

79,78,75,56

55,60,66,6

色彩延伸：

7.5.4 爱情海

色彩说明： 左图空间采用统一的香槟金色调，同色系的色彩搭配给人统一、协调的美感，柔和的色彩散发着欧式的浪漫风情

设计理念： 该空间采用简欧风格，虽然没有复杂的线条但是它将欧式的美感融入细节之中，用简单的陈设表现华丽的气质

1. 温柔的香槟色更适合大多数现代都市家庭
2. 绸缎之感的窗帘散发着柔和的光晕，让空间色调变得更加细腻、温柔
3. 柔和的色调搭配现代风格的家具整体给人典雅、大方的感觉

33,43,55,0

18,17,21,0

34,40,44,0

色彩延伸：

7.5.5 常见色彩搭配

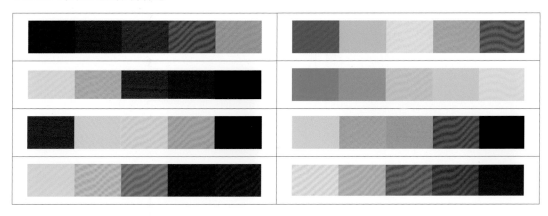

7.5.6 佳作欣赏

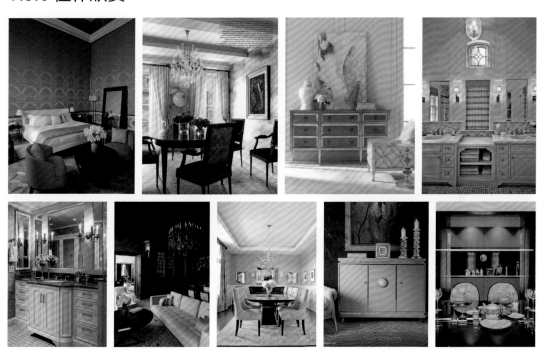

7.6 温馨

　　在室内配色中，柔和的暖色调能给人温馨的视觉感受，例如淡黄色、浅灰色、奶茶色这些都能让人感到温暖、馨香。

7.6.1 温馨港湾

色彩说明： 左图空间采用乳白色调，以香槟金色作为点缀色，两种颜色同属于暖色调，所以给人一种明媚、温馨、温暖的感觉

设计理念： 在这个空间中，精致的细节无处不在，金属质地的茶几、灯具、椅子给人华美、富丽的感觉，花纹精美的壁橱，带有明显的欧式风格，乳白色的布艺沙发舒适又美观

1. 优雅的房间布置搭配柔和的光线，温馨且令人舒适
2. 几处青色的点缀让空间颜色产生对比变化，为空间增添了活力
3. 芦苇卷帘质地天然，让空间多了几份田园色彩

48,50,100,3

38,30,100,0

25,28,37,0

色彩延伸：

7.6.2 光影悦动

色彩说明： 左图空间采用柔和的原木色调，设计师刻意减少了色彩的繁杂，以互相呼应的简洁色彩达到最大程度的舒适与温馨

设计理念： 这是一间不算宽敞的客厅，墙面装饰采用原木与文化石相结合的手法，给人自然、原始的视觉感受。开阔的落地窗可以接受更多的阳光，让光影在空间内自由流动

1. 灰色系的地毯，简洁而质感的家具，为空间注入了现代与时尚
2. 棕色皮革沙发，木质茶几，富有情趣的地毯，显得简洁而舒适
3. 开放式的落地窗让室内显得更加通透灵活，让窗外风景尽收眼底

20,34,48,0

50,45,40,0

77,43,58,0

色彩延伸：

说图解色

——住宅空间色彩搭配解剖书

7.6.3 阳光公寓

色彩说明： 左图空间采用高明度的色彩基调，白色搭配浅卡其色显得特别温馨、舒适

设计理念： 该空间注重舒适，看似最简单的装修，却是运用了线条比例及色彩平衡的手法，让居住者体验到纯粹的美感

1. 空间的颜色和家居的材质都给人一种舒适、松弛的感觉
2. 两个淡青色的软凳丰富了空间颜色，形成颜色对比，从而丰富了视觉层次
3. 柔软的地毯不仅提升了空间的舒适感，也具有划分空间的作用

 25,27,36,0

23,12,14,0

18,38,72,0

色彩延伸：

7.6.4 时光胶囊

色彩说明： 左图空间属于同类色的配色方案，奶茶色的墙壁令人感觉非常柔和、舒适，咖啡色的沙发在灰调的空间中非常突出

设计理念： 在这个空间中，客厅与开放式的厨房相连，整个空间通透开阔，皮质的咖啡色沙发给人一种复古、沉稳的感觉

1. 咖啡色的沙发搭配卡其色的地毯显得自然、不唐突
2. 空间中沙发的颜色与地板的颜色相同，二者相互呼应形成统一的视觉感受
3. 现代感的陈设搭配带有年代感的家具，形成新旧的对比，让人过目难忘

 60,84,90,52

37,38,43,0

56,64,80,14

色彩延伸：

第7章 空间色彩的视觉印象

7.6.5 常见色彩搭配

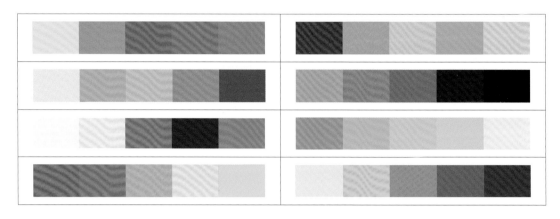

7.6.6 佳作欣赏

7.7 清新

能够表现清爽色彩感觉的多为冷色调，例如淡蓝色、淡青色、蓝绿色等，这些颜色的特点是明度高、纯度低，通常与白色和浅灰搭配在一起。

7.7.1 夏日追凉

色彩说明：	左图空间以白色搭配青绿色，在鲜明对比中营造出清爽、利落的洁净感，这种色彩氛围常用于浴室
设计理念：	淋浴房采用瓷砖和玻璃相结合的搭配方式，防水效果好，且非常易于清洁

1. 工字形的瓷砖拼贴方式有拉伸空间的作用
2. 倾斜的墙壁给人压迫感，而使用玻璃隔断则可以减轻这种感觉
3. 该空间颜色简单，橘黄色的相框让空间颜色变得丰富、活泼，但不会影响空间的主基调

55,7,32,0

12,7,2,0

17,65,97,0

色彩延伸：

7.7.2 悠然自得

色彩说明：	左图空间以亮灰色为主色调，通常会给人以干净、质朴的感觉，而搭配上青灰色，则营造出一种清新、悠闲的氛围
设计理念：	在这间卧室中，床头位置采用对称布局，给人协调、平衡的美感。床头铁艺壁灯款式古旧，让空间有了复古色彩

1. 空间整体色调柔和，身处其中会得到深度的放松
2. 青色调的床上用品与照片墙相互呼应
3. 高明度的配色方案让空间有种清新、明媚的感觉

33,10,25,0

44,40,41,0

9,8,10,0

色彩延伸：

7.7.3 浪漫地中海

色彩说明： 左图空间以大面积的青色为主色调，统一的青色调给人如海风拂面般清爽、舒适的感觉

设计理念： 客厅与餐厅相连，通过地毯串联了两个空间。浅黄色的木质墙面让空间更加接近自然

1. 宽大的落地窗让阳光自由延伸
2. 抱枕、桌子的红色与青色为对比色，形成了互动的关系，让空间多了活泼俏皮的感觉
3. L形的沙发最大限度地利用了空间

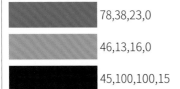

78,38,23,0

46,13,16,0

45,100,100,15

色彩延伸：

7.7.4 INS风尚

色彩说明： 左图空间以白色为主色调，搭配青色的线条整体给人轻盈、清新的视觉感受

设计理念： 空间中几何形状的图案装饰搭配菠萝摆件为空间平添几分趣味

1. 黑色加青色的简易落地灯用以提供小范围的区域照明
2. 墙壁的装饰图案充满了创意和现代感
3. 空间中的黑色线条与白色形成反差，增加了空间的体量关系

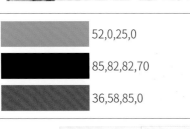

52,0,25,0

85,82,82,70

36,58,85,0

色彩延伸：

说图解色

——住宅空间色彩搭配解剖书

7.7.5 常见色彩搭配

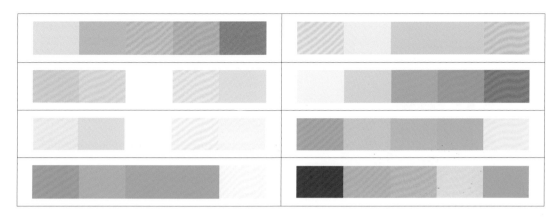

7.7.6 佳作欣赏

7.8 自然

    说道自然，第一个想起的颜色就是绿色，黄绿色娇嫩、深绿色老练、翠绿色成熟，自然的色彩印象还可以通过材质进行表达，例如棉、麻、实木等取之于自然的材料，都能够表现出自然的韵味。

7.8.1 回归自然

色彩说明： 左图空间以黄绿色为主色调，搭配浅米白色，这样的颜色搭配让人联想到初春三月，暖洋洋的十分惬意

设计理念： 该空间具有美式风格的随性与舒适，还有田园风格的浪漫与温馨，通过多种不同元素打造出一个充满自然感的温暖会客空间

1. 黄绿色的墙壁、布艺沙发，搭配植物作为空间点缀色，整个空间仿佛如同大自然般地清新起来了
2. 全开放的落地拉门让院落的自然美景以及充沛的阳光都能涌入室内
3. 壁炉上方一幅田园主题的装饰画也为空间增色不少

40,35,98,0

18,14,23,0

25,26,33,0

色彩延伸：

7.8.2 原木主张

色彩说明： 左图空间采用北欧设计风格，以白色搭配原木色，并用绿植作为点缀，整体给人一种简洁、明快的感觉

设计理念： 该空间没有奢华的装饰，一组木质家具搭配草席质地的地毯，外带一些自由生长的植物，这一切搭配在一起只为造就一个悠闲的会客空间

1. 将自然的材质引入到家居中，将自然的概念运用得淋漓尽致
2. 随意摆放的绿植使人感到清新、舒畅
3. 茶几、沙发、地毯全部采用统一色调，不仅保证了空间风格的统一，还提升了空间的温度

24,50,82,0

60,64,87,21

67,46,100,5

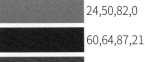

色彩延伸：

说图
解色

住宅空间色彩搭配解剖书

7.8.3 守护绿色

色彩说明： 左图空间采用统一的草绿色调，深咖啡色的长条椅采用原木材质，让人联想到树林，进入这个空间会让人有一种走进自然的感觉

设计理念： 在这个休息区中，绿色调能够让人放松心情，踩在绿色的地毯上有一种踩在草坪上的感觉，在这个休息区中无论是看书、发呆，或是做亲子游戏都是不错的选择

1. 绿色吊顶和地毯相互呼应，让空间紧密相连
2. 照明选用暖色调灯光，提升空间温度，以增加空间的温馨感
3. 旺盛的盆栽不仅美观还让空间充满生机

60,44,100,2

79,55,95,22

56,68,81,18

色彩延伸：

7.8.4 本色生活

色彩说明： 左图空间整体以灰白色为主色，搭配原木色，颜色对比较弱，整体给人一种饱经沧桑的历史感、陈旧感

设计理念： 在空间中大量地应用了自然材质，贝壳吊灯、珊瑚石装饰以及芦苇编织的灯罩都为空间带来更多的自然气息

1. 实木的天花板给人稳重、结实、可靠的感觉
2. 大量的运用天然木材，让整个空间紧密联系在一起
3. 柔和且朴实的色彩氛围，让空间自然而富有韵味

44,43,46,0

17,13,14,0

82,70,96,57

色彩延伸：

7.8.5 常见色彩搭配

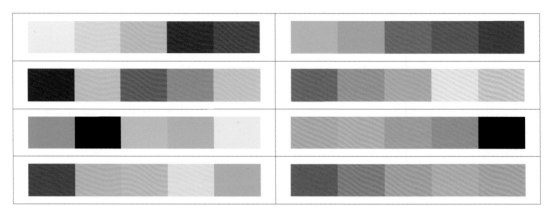

7.8.6 佳作欣赏

7.9 稳重

要在室内色彩中表现稳重需要采用中明度或者低明度的色彩基调，灰色、咖啡色、卡其色等较为中性的色彩都合适表现稳重的视觉印象。

7.9.1 纳帕溪谷

色彩说明： 左图空间为中明度色彩基调，浅咖啡色调给人一种舒缓、稳重的感觉，这种气氛非常适合卧室，人处于这个空间中能够得到深度的放松，这也迎合了卧室的本质

设计理念： 在这间卧室中，大量应用布艺和木材，会给人柔和、温暖的感觉

1. 深色的地毯除了能调节室温，其柔软的质感也直接由脚掌扩散至全身，暖进心里面
2. 实木材质除了营造出质朴的温暖空间外，也让空间多了接近自然的触感
3. 蓝色调的床上用品使空间形成了冷暖的对比，还具有活跃空间气氛的作用

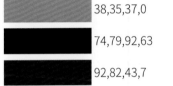

38,35,37,0

74,79,92,63

92,82,43,7

色彩延伸：

7.9.2 暮歌

色彩说明： 左图空间中大面积的咖啡色调给人深沉、稳重的感觉，暖色调的灯光与空间的色调相得益彰

设计理念： 空间采用美式风格设计，各种设备一应俱全，操作台是空间的核心所在，宽敞的操作空间更适合烹饪

1. 空间色彩明度偏低，充沛的采光可以减轻深颜色的压迫感
2. 浓郁乡村风格的地砖和壁灯相得益彰，让人仿佛有种置身田园的感觉
3. 色调统一的橱柜奠定了整个空间的色调基础，其强大的储物空间也非常实用

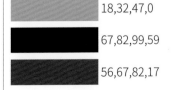

18,32,47,0

67,82,99,59

56,67,82,17

色彩延伸：

7.9.3 绿野仙踪

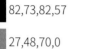

色彩说明： 深绿色的墙壁让人有一种身临热带丛林的感觉，搭配米黄色调的窗帘，整个空间给人舒缓而不失情调的感觉

设计理念： 餐厅与客厅相连，最大限度地利用了空间，也让餐厅更加宽敞、开阔

1. 餐桌上的植物让就餐环境变得优雅且意趣盎然
2. 黄色与绿色为对比色，二者搭配增加了空间的颜色层次
3. 丰富的装饰物打造出优雅且迷人的室内设计效果

82,73,82,57

27,48,70,0

63,52,48,1

色彩延伸：

7.9.4 都市日记

色彩说明： 左图空间以白色搭配深咖啡色，用色简单、直白，整体给人稳重、大气的视觉感受

设计理念： 在这间餐厅中，造型简约的现代风格家具给人简洁、明快的视觉印象

1. 暖色调的灯光柔和而温馨，能够营造一个良好的就餐环境
2. 曲线的墙壁造型为空间增添了柔和的美感，这与棱角分明的餐桌形成对比
3. 窗帘、餐桌与地板的颜色属于同一色系，给人一种静谧、舒缓的感觉

62,77,80,39

18,25,25,0

80,83,79,66

色彩延伸：

7.9.5 常见色彩搭配

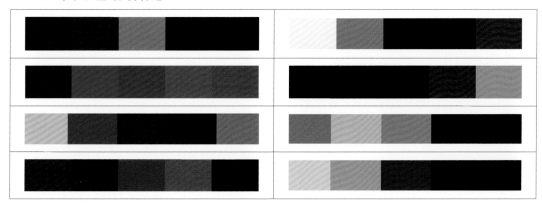

7.9.6 佳作欣赏

7.10 浪漫

　　粉红色、浅紫色、洋红色都是能够营造"浪漫气氛"的色彩，同时也较为女性化，很受女性的喜爱。

7.10.1 甜梦

色彩说明： 左图空间以卡其色为主色调，这种颜色偏中性化，给人休闲、温和的感觉。其中紫色调为点缀色，让整个空间流露迷人的女性气质

设计理念： 在这间卧室中，圆形的窗户给人曲线的柔和美感，空间中的陈设也都避免了尖锐、凌厉的线条，尽量将线条进行曲化，以营造婉约、优雅的感觉

1. 紫色的地毯是空间的一大亮点，图案颜色的变化为空间增添了活力
2. 浅卡其色给人休闲、浪漫的感觉，它与紫色相搭配，共同营造了大气又不失温馨的家居环境
3. 咖啡色的窗帘与墙壁属于同色系，二者搭配在一起协调、自然，丰富空间的颜色层次

57,63,45,1

39,36,39,0

69,74,66,30

色彩延伸：

7.10.2 白昼情书

色彩说明： 左图空间为高明度色彩基调，淡蓝色的墙壁给人清凉、清爽的感觉，粉色的点缀色让空间多了一点少女气质

设计理念： 整个空间场域较为宽敞，三扇窗户让空间具有良好的采光，现代风格的家具造型美观，使用舒适，适合现代生活对设计的要求

1. 黄色调的地毯提高了空间的温度
2. 白色作为空间的辅助色，有提高空间色彩明度、增加空间洁净感的作用
3. 带有花纹的粉色调窗帘增加了空间的女性气质，丰富了空间的视觉效果

说图
解色

——住宅空间色彩搭配解剖书

58,72,53,5

30,20,20,0

48,54,65,0

色彩延伸：

7.10.3 花香美宅

色彩说明： 左图空间以白色作为主色调，搭配淡色粉，以洋红色为点缀色。整个空间给人一种清雅、浪漫的感觉，这是一个可爱又不失女性韵味的色彩搭配方案

设计理念： 在这个餐厅中，阳光能够铺满整个客厅，提供了一个良好的就餐环境，洋红色的软椅造型美观、舒适

1. 粉色的配色为空间带来了神秘的浪漫气息
2. 空间中随意点缀的花束也是浪漫的"元素"
3. 白色与洋红色的搭配给人明媚、优雅、鲜明的感觉

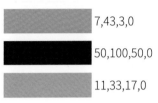

7,43,3,0

50,100,50,0

11,33,17,0

色彩延伸：

7.10.4 风轻云涌

色彩说明： 淡粉色和淡蓝色是非常经典的配色方案，两种颜色搭配在一起给人一种可爱、青春的感觉，这种配色方案应用在儿童房中非常合适

设计理念： 在这个儿童房中，将床架子制作成房子的形状，给孩子留下了想象空间，符合儿童的心理特点

1. 带有卡通图案的床上用品和地毯为空间增添了趣味感
2. 书桌放在了阳光充足的地方，可以让儿童有一个良好的学习空间
3. 空间整体色调活泼鲜明、简洁明快，搭配富有童趣的陈设给人童话般的意境

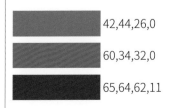

42,44,26,0

60,34,32,0

65,64,62,11

色彩延伸：

7.10.5 常见色彩搭配

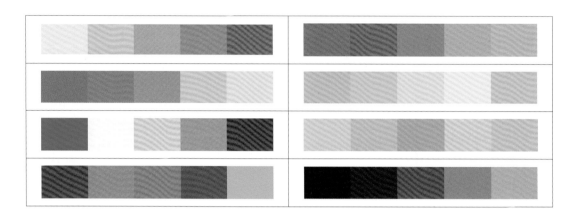

7.10.6 佳作欣赏

7.11 粗犷

　　"粗犷"的视觉印象应该是一种大气磅礴、粗野豪放的感觉，这需要结合颜色和材质共同打造，在颜色上可以选择深色调，例如深褐色、深灰色、黑色等颜色，在材质上可以选择仿古砖、文化石、实木、金属等材质。

7.11.1 工业风之家

色彩说明： 左图空间采用低明度色彩基调，咖啡色的主色调，搭配暖黄色的灯光给人一种怀旧、复古的感觉

设计理念： 整个空间被怀旧的格调包围着，复古风格的陈设在昏黄而温馨的灯光下沉淀出安静、美好的感觉

1. 裸露的砖墙搭配复古的陈设，呈现出随性却不乏细腻的轻工业格调
2. 暖色调的灯光减轻了工业风的冰冷感
3. 圆形的镜子为空间带来曲线的美感，让空间焕发出更加独特的韵味

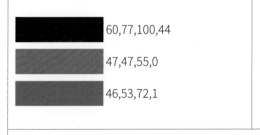

60,77,100,44

47,47,55,0

46,53,72,1

色彩延伸：

7.11.2 西雅图

色彩说明： 左图空间灰绿色的墙壁让人产生放松感，搭配乳白色的沙发，赋予了其干净、简约的视觉效果。电视背景墙是一面砖墙，粗犷的味道瞬间显露无遗

设计理念： 空间是典型的美式风格，沙发围绕着壁炉摆放，一家人晚餐后围炉夜话，其乐融融

1. 仿真的壁炉也能让都市人感受到烤火炉的乐趣
2. 乳白色的沙发搭配淡灰色地毯展现出优美、温情的意境
3. 带有纹理的地毯为空间添加了亮点

40,50,60,0

67,53,55,2

70,73,85,47

色彩延伸：

7.11.3 水泥森林

色彩说明： 这是一个灰色的水泥空间，粗糙的水泥材质天然质朴，灰褐色的地板让空间有了温度

设计理念： 该空间采用工业风格，水泥材质贯穿了整个空间，有着不加修饰的独特美感，再搭配上原木材质的装饰，让整个空间体现刚柔并济的设计理念

1. 几处暖色的灯光为这种看似阴冷的氛围添加了温暖
2. 不加任何修饰的水泥材质让粗犷的味道瞬间显露无遗
3. 工业风的装修与粗犷的气质让这里散发着独特魅力

50,44,44,0

36,33,34,0

47,51,62,0

色彩延伸：

7.11.4 荒野

色彩说明： 左图空间为灰色调，整体色调为高明度、低纯度，给人一种苍凉、粗犷的感觉

设计理念： 该空间保留了裸露的"山体"，经过粗糙打磨后保留了原始的自然特征，给人以质朴、原始的感觉，让人有回归自然后的宁静与放松

1. 身处于这样一个空间能够体会与大自然融合的惬意
2. 水泥地面和家具与原野的氛围搭配在一起，让整个空间弥漫着现代与原始的混搭魅力
3. 在这样一个空间中以绿色作为点缀色再合适不过了，绿植、绿色的窗幔都给人亲近自然的感觉

30,30,45,0

45,38,56,0

65,57,53,3

色彩延伸：

7.11.5 常见色彩搭配

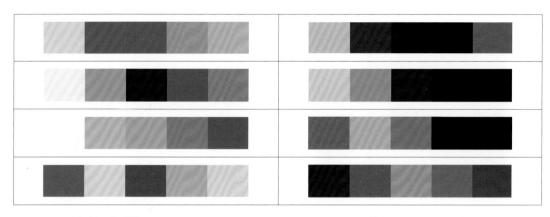

7.11.6 佳作欣赏